Edificios Fotovoltaicos

Técnicas y Programas de Simulación

Edificios fotovoltaicos: Técnicas y programas de simulación

F. J. Argul, M. Castro, A. Delgado, A. Colmenar y J. Peire

Parque Industrial PISA, c/ Comercio, 12, 41927 Mairena del Aljarafe, Sevilla (España)
✆ 954 186 200 Fax: 954 186 111 Email: progensa@progensa.com

Primera edición, 2004

Impreso en España - Printed in Spain
Artes Gráficas Gala, S. L.
ISBN: 84-95693-12-7
Depósito Legal: M.-17391-2004

Índice

Capítulo 3: Interfaz de usuario y funciones del simulador Foto-RED v2.1

Capítulo 4: Ejemplos de aplicación del simulador Foto-RED v2.1

Capítulo 1: Introducción

1.1 Presente y futuro de las energías renovables

Durante los últimos cinco años el consumo de electricidad en España ha crecido en torno a un 6 % anual, con unos ritmos de crecimiento acumulado superiores a los de otros países de nuestro entorno. A nivel mundial, la tendencia de evolución del consumo eléctrico es también creciente, por lo que una importante cuestión de fondo que se plantea, cada vez con mayor frecuencia, es cómo satisfacer el aumento progresivo de necesidades energéticas de la sociedad actual sin comprometer las posibilidades de las generaciones futuras. Las tasas de reserva de las principales fuentes energéticas fósiles de las que dependemos hoy día son ciertamente reducidas, por lo que es preciso ir buscando fuentes energéticas alternativas. Aunque difícil de conseguir en la práctica, cualquier sistema de producción eléctrica con visión de futuro debería ofrecer al menos las tres condiciones siguientes:

- Calidad y fiabilidad del suministro
- Competitividad económica
- Respeto medioambiental

Tanto los países miembros de la Unión Europea como los nuevos candidatos a la adhesión dependen en gran medida de la energía atómica. Sin embargo, cada vez se construyen menos centrales nucleares en Europa, ya que la actual reticencia de la sociedad occidental hace que, salvo Japón y Taiwán, la mayor parte de los nuevos reactores en construcción pertenezcan a países en vías de desarrollo. A finales de 2002 se aprobó en España el documento de Planificación de los Sectores de Electricidad y Gas 2002-2011, lo que supone una apuesta clara de la Administración española por las plantas de gas de ciclo combinado. Esto implica que la cuota actual del gas natural en el mercado de generación se incrementará sustancialmente, mientras que el resto de las fuentes de producción (a excepción de las renovables) deberían ir perdiendo peso progresivamente.

Salvo que las tendencias actuales cambien drásticamente, parece probable que a lo largo de este siglo el hidrógeno, el viento y el sol acaben desplazando a los combustibles fósiles tradicionales a un segundo plano. En la actualidad, los combustibles fósiles todavía proporcionan el 90 % de la energía consumida en todo el planeta, correspondiendo el 41 % al petróleo. El carbón, una fuente energética sucia pero decisiva en la revolución industrial del XIX, tiene todavía un importante papel en las plantas energéticas de comienzos del siglo XXI, aunque con una clara tendencia regresiva. El gas natural, más limpio que el carbón o el petróleo, está ganándoles terreno rápidamente. La energía hidroeléctrica tradicional ve limitada su expansión por las grandes necesidades de terreno y agua que conlleva. La energía nuclear puede verse sometida a un nuevo empuje, pero los altos costes de inversión inicial, la seguridad y los residuos radiactivos siguen frenando su utilización masiva.

A finales de 1997 la biomasa suponía el 3 % del consumo total de la Unión Europea, aunque en países como Austria, Suecia y Finlandia oscilaba entre el 12 % y el 18 %. Por lo que se refiere a la gran hidráulica, existe una oposición creciente a su impacto ambiental, y muchos de los mejores emplazamientos ya han sido explotados, por lo que no se espera un gran crecimiento (sin embargo, sí parece haber un mayor potencial para la mini-hidráulica). La energía solar térmica para calentar agua ya era rentable en 1997 pero, a pesar de ser muy popular en países como Grecia, su contribución global en la Unión Europea todavía es pequeña. La energía solar fotovoltaica tampoco acaba de despegar, aunque existe el objetivo de alcanzar los 3 GWp instalados en la UE para el 2010. La energía geotérmica tiene una repercusión mínima en la UE (500 MW en 1997), y se espera que en el 2010 esta contribución no supere los 1000 MW. Dentro del apartado de "otros" (mareas, corrientes oceánicas, olas, energía térmica oceánica, etc.), la UE espera una aportación máxima de 1 GW en el 2010 [Comisión Europea, 1997].

En lo que a generación de electricidad en España se refiere, las fuentes renovables suponen en torno a un 4 % del total sin considerar la gran hidráulica y un 18 % con ésta. El objetivo del Plan de Fomento de las Energías Renovables es que estas fuentes representen el 12 % de la energía primaria y el 29,4 % de la energía eléctrica (17,5 % sin la gran hidráulica) en el año 2010. Debido al fuerte incremento del consumo, el primer objetivo parece difícilmente alcanzable. Las aportaciones de la gran hidráulica y la biomasa son las más importantes, pero la energía eólica ha experimentado un gran empuje (por encima de las previsiones), lo que deja algunas esperanzas para aproximarse al segundo objetivo. La energía solar y la mini-hidráulica, sin embargo, no acaban de despegar, mientras que la biomasa necesitaría aumentar su participación.

A pesar de las dificultades que limitan su expansión, las energías renovables ofrecen una serie de ventajas que las convierten en una opción de futuro especialmente interesante para los países de la Unión Europea:

- Las energías renovables pueden ayudar a reducir la dependencia de fuentes energéticas importadas del exterior, mejorando la balanza comercial y aumentando la seguridad del suministro.

- El carácter modular de las energías renovables permite su extensión gradual, lo que hace más fácil su financiación y permite un rápido escalado al alza cuando sea necesario.
- Las posibilidades de negocio en los países en vías de desarrollo donde se están implantando energías renovables son muy grandes para las empresas europeas, sobre todo en Asia, Iberoamérica y África.
- Por motivos medioambientales, las fuentes renovables suelen tener una gran acogida entre la opinión pública, algo que no se escapa a la clase política de los países democráticos.

En España, desde marzo de 2004, el Real Decreto 436/2004 regula el régimen jurídico y económico para las energías renovables, intentando favorecer que su aportación a la demanda energética española en el 2010 cumpla los compromisos adquiridos. A pesar de que las primas a la energía solar son mayores que a la eólica, la mayor rentabilidad de esta última ha hecho que en pocos años se haya producido un despegue espectacular de la energía del viento, una fuente de energía renovable que ha sido objeto de interés creciente por parte de muchas empresas. A nivel mundial, desde 1996 el ritmo de crecimiento anual ha sido cercano al 30 %. A mediados de 2002 la potencia eólica total instalada en el mundo superaba los 23 000 MW. Alemania, con 8750 MW, era la mayor potencia eólica, seguida por EE.UU. (4300 MW), España (3300 MW) y Dinamarca (2500 MW). En nuestro país, la Comunidad de Navarra, con 470,4 MW eólicos ya instalados en mayo de 2001, intenta generar eólicamente el 100 % de la energía que consuma en el año 2005.

Lamentablemente, la energía solar en nuestro país no ha experimentado un desarrollo similar. España ofrece unas grandes perspectivas, ya que las condiciones de irradiación solar son excelentes. Sin embargo, estas condiciones tan favorables no se reflejan en el número y potencia de las instalaciones solares (tanto térmicas como fotovoltaicas) en funcionamiento, sin que hasta el momento los incentivos económicos hayan supuesto un verdadero punto de inflexión en su desarrollo. Esta situación contrasta con otros países centroeuropeos como Alemania, que a pesar de disponer de muchas menos horas de sol, tiene un parque fotovoltaico mucho mayor. La energía solar fotovoltaica está a la espera de dar un gran salto tecnológico o, al menos, poder solucionar el problema de costes que reduce su expansión. La alta inversión inicial necesaria disuade a muchos potenciales usuarios, que prefieren los largos ciclos de pequeños pagos periódicos característicos de las energías basadas en combustibles tradicionales.

1.2 Energía solar fotovoltaica

Durante las últimas dos décadas se ha producido una reducción de costes en las diferentes tecnologías fotovoltaicas superior al 60 %. Lamentablemente, esto no ha impedido que, hoy por hoy, la electricidad solar tenga unos costes muy superiores a los de la producción eléctrica a partir de combustibles convencionales. Si al alto precio de la tecnología fotovoltaica añadimos que en muchos países todavía faltan disposiciones legales reguladoras, no hay apoyo financiero directo por parte de las Administraciones y es difícil acceder a préstamos de bajo interés, no es difícil entender las dificultades que limitan el desarrollo fotovoltaico a gran escala.

A pesar de su alto coste, la Comisión Europea estima para el año 2010 una contribución fotovoltaica, sobre el total de producción eléctrica de la Unión Europea, de unos 3 GWp. Junto con un cierto número de plantas fotovoltaicas de potencias comprendidas entre los 0,5 MW y los 5 MW, todo parece indicar que la mayor parte de estas instalaciones fotovoltaicas estarán conectadas a la red eléctrica y montadas sobre los tejados y fachadas de edificios.

Durante la última década la producción mundial de módulos fotovoltaicos ha tenido un ritmo de crecimiento no uniforme pero de tendencia exponencial. Japón, Estados Unidos y la Unión Europea dominan el mercado, manteniendo una cerrada competencia. España es un importante fabricante de paneles fotovoltaicos, aunque la mayor parte de la producción se dedica a la exportación. El éxito a largo plazo de la energía solar fotovoltaica dependerá de su capacidad para reducir los costes de fabricación, distribución, instalación y mantenimiento, de forma que el precio final para el usuario sea mucho menor. Las principales estrategias para alcanzar este objetivo pasan por estandarizar el proceso y los equipos de fabricación, mejorar la eficiencia, desarrollar encapsulados más económicos, reducir las cargas fiscales sobre el producto, y aplicar incentivos económicos para favorecer el desarrollo inicial.

1.2.1 Energía solar fotovoltaica conectada a la red

Los sistemas fotovoltaicos conectados a la red eléctrica ofrecen la posibilidad de generar cantidades significativas de electricidad no contaminante de alto valor comercial. El mercado mundial de este tipo de tecnología está creciendo rápidamente, dividido en tres clases de aplicaciones principales:

1) Instalaciones fotovoltaicas para el sector doméstico (entre 1 kWp y 5 kWp).

2) Integración fotovoltaica en edificios comerciales e industriales (entre 10 kWp y 250 kWp).

3) Plantas fotovoltaicas centralizadas (100 kWp - 5 MWp).

En un sistema fotovoltaico conectado a la red, ésta actúa como medio de almacenamiento, evitando la necesidad de utilizar baterías. Salvo en el caso de las grandes plantas fotovoltaicas productoras que sólo inyectan energía en la red, este tipo de instalaciones suele establecer un contrato bidireccional con la Compañía eléctrica, de forma que se pueda recibir o ceder energía en función de las necesidades de cada momento. En comparación con los sistemas fotovoltaicos autónomos, los equipos con conexión a red presentan una serie de ventajas:

a) Fiabilidad del suministro. La presencia de la red eléctrica garantiza la disponibilidad energética incluso en largos períodos de muy baja radiación solar.

b) Menores costes de instalación y mantenimiento al no ser necesarias baterías. La vida media de la instalación es mayor, ya que las baterías envejecen más rápido que otros elementos de la instalación fotovoltaica.

c) Ventajas económicas para productores y consumidores de energía. Las compañías eléctricas se pueden beneficiar del aplanamiento de la curva de demanda en las horas pico, justo cuando resulta más caro generar energía, sin que el consumo fuera de esas horas se vea afectado. El consumidor verá reducida su factura eléctrica, mientras que las compañías suministradoras mantendrán sus servicios con menores inversiones que compensen la pérdida de ingresos durante las horas pico.

Al igual que con la energía fotovoltaica en general, el éxito a largo plazo de la energía solar fotovoltaica conectada a la red dependerá de su capacidad para reducir costes. Una primera conclusión obtenida en diversos estudios es que no existen barreras técnicas que dificulten la instalación a gran escala de sistemas fotovoltaicos distribuidos con conexión a la red. La principal barrera existente en la actualidad es, evidentemente, el precio.

En España, para llenar el vacío legal en que se movían las instalaciones fotovoltaicas conectadas a red, se han venido publicando desde 1997 varias leyes que regulan las condiciones administrativas, técnicas y los incentivos económicos aplicables al sector. La Ley 54/1997 del Sector Eléctrico y el Real Decreto 2818/1998 de 23 de diciembre establecían un nuevo marco de funcionamiento para la producción de energía eléctrica por fuentes de energía renovable, residuos y cogeneración. En el caso de la energía solar fotovoltaica se establecían unas primas superiores al precio de la energía de red.

Posteriormente, el Real Decreto 436/2004, de 12 de marzo, derogaba al anterior Real Decreto 2818/1998, mejorando las condiciones jurídicas y económicas aplicables a la venta de energía fotovoltaica. El Real Decreto

1663/2000 sobre conexión de instalaciones fotovoltaicas a la red de baja tensión desarrolla la Ley 54/1997, estableciendo las condiciones administrativas y técnicas básicas para conectar a la red eléctrica de baja tensión las instalaciones solares fotovoltaicas. Este último Real Decreto es aplicable a las instalaciones fotovoltaicas de potencia nominal no superior a 100 kVA y cuya conexión a la red de distribución se efectúe a tensiones menores de 1 kV.

La energía solar fotovoltaica integrada en la red eléctrica puede modificar de una forma positiva la curva de demanda, sobre todo en los meses de verano, donde se producen importantes picos de consumo debido al uso intensivo de aire acondicionado durante las horas de mayor insolación. En un escenario "optimista" estimado para el año 2020 en nuestro país, la generación fotovoltaica podría cubrir entre el 5 % y el 10 % de la demanda durante estos picos de consumo [Castro y otros, 2001].

1.3 Edificios fotovoltaicos conectados a la red

El efecto de las nuevas técnicas energéticas solares sobre la habitabilidad y balance de explotación de edificios es cada vez más importante. Los arquitectos con visión de futuro empiezan a comprender que el objetivo de un buen diseño arquitectónico no es tan sólo crear un edificio económico y estéticamente agradable, sino que la edificación moderna debe ser energéticamente eficiente y respetuosa con el medio ambiente. Las consecuencias de esta creciente concienciación se reflejan en la utilización de nuevos aislamientos térmicos, iluminación de alta eficiencia, sistemas de ventilación con recuperación de calor, equipos de aire acondicionado de bajo consumo, etc. Sin embargo, la utilización de menos energías fósiles y la reducción de emisiones contaminantes de edificios no suponen una aproximación suficientemente ambiciosa con relación a lo que debería ofrecer la edificación sostenible del futuro. Una aproximación holística al diseño de un edificio requiere utilizar las técnicas energéticas necesarias para aumentar su eficiencia energética, reducir el impacto medioambiental, ofrecer confort e incluso ahorrar dinero. A pesar de que se hacen esfuerzos para construir edificios más eficientes, el porcentaje de consumo global dedicado a la edificación no tiende a disminuir, ya que el número de edificios con un nivel de equipamiento cada vez mayor crece sin parar.

Una de las tecnologías renovables más prometedoras en el campo de la edificación es la energía solar fotovoltaica. Constituye un medio elegante y silencioso de generar electricidad en el lugar donde se consume, favoreciendo la generación distribuida. En los sistemas de generación centralizados tradicionales, la energía se produce en grandes plantas de potencia, siendo necesario transportar la misma hasta el usuario final por medio de redes de transporte y distribución. Por el contrario, en sistemas distribuidos la electricidad se genera lo más cerca posible del punto de consumo, lo que favorece la diversidad del sistema y reduce las pérdidas de transporte. Incluso en zonas con una red eléctrica extensa y bien implantada como ocurre en los Estados Unidos o en Europa, las instalaciones fotovoltaicas distribuidas en edificios ofrecen un gran atractivo si se ubican estratégicamente en áreas de elevado consumo donde las redes de distribución estén sobrecargadas.

Junto con los beneficios comunes a cualquier instalación fotovoltaica conectada a la red, los sistemas fotovoltaicos integrados en edificios tienen el potencial de ser arquitectónicamente atractivos y económicamente ventajosos, ya que los materiales fotovoltaicos pueden sustituir a otros materiales de construcción convencionales, reduciendo el coste neto de la instalación. Evitan, además, el coste del suelo asociado a otro tipo de instalaciones, el coste de cimentaciones, estructuras y sistemas de sustentación de los paneles. Debido a la reducción estimada de costes, mejoras estéticas y todos los beneficios derivados de la generación distribuida, los sistemas fotovoltaicos integrados en edificios pueden convertirse en una opción de futuro muy atractiva, ya que es la única tecnología renovable que, hoy por hoy, se puede instalar de forma masiva en el entorno urbano de las grandes ciudades.

Los edificios comerciales, institucionales y de oficinas suelen presentar una demanda energética elevada durante las horas centrales del día, por lo que una instalación fotovoltaica se adapta muy bien a este tipo de edificación. En los países de nuestro entorno el sector comercial es responsable del 30 % del consumo eléctrico total, mientras que el sector residencial puede suponer otro 20 %.

1.3.1 Integración fotovoltaica en edificios

La integración del sistema fotovoltaico en el edificio puede suponer ahorros importantes ya que evita inversiones en estructuras de soporte convencionales. Este hecho ha motivado la progresiva aparición en el mercado de dispositivos fotovoltaicos construidos específicamente para su integración en edificios, es decir, diseñados para generar electricidad al mismo tiempo que enriquecer las posibilidades arquitectónicas del edificio. Es frecuente referirse a este tipo de tecnología con la denominación BIPV (*Building Integrated PhotoVoltaics*).

Muchos diseñadores han descubierto el atractivo arquitectónico de los elementos fotovoltaicos, y sus clientes, las ventajas de "anunciar" visualmente en sus fachadas que utilizan dispositivos modernos de alta tecnología beneficiosos para el medio ambiente. Por este motivo, ya no se busca tanto la invisibilidad del elemento fotovoltaico como su compatibilidad estética con el edificio, aprovechando las texturas, colores e impacto visual de los elementos BIPV. Hay tres tipos de aplicaciones arquitectónicas donde se suelen utilizar componentes fotovoltaicos integrados:

– *Materiales para fachadas y muros cortina*. Constituyen la "piel" del edificio, por lo que deben proteger de las inclemencias meteorológicas ofreciendo un alto grado de aislamiento y estanqueidad.

– *Materiales para tejados y grandes superficies de cubierta*. Dada la alta radiación solar disponible, los tejados suelen ser las superficies óptimas para instalar elementos fotovoltaicos en el edificio. Aunque pueden presentar problemas de estanqueidad y resistencia estructural, ya hay buenas soluciones BIPV en el mercado.

– *Elementos translúcidos*. Montando células fotovoltaicas sobre vidrio se puede controlar el grado de transparencia del material resultante, obteniendo un nivel de aislamiento térmico similar al de otros vidrios tradicionales. Cuando las células fotovoltaicas son opacas se consiguen distintos efectos visuales variando la separación entre células. Los productos basados en tecnología de capa delgada suelen ser semitransparentes, y pueden ser grabados con láser para formar texturas, diseños, logotipos, etc.

En la actualidad el precio derivado de integrar elementos fotovoltaicos en edificios es similar al de algunos materiales de revestimiento de lujo como puede ser el mármol. Sin embargo, cuando se compara con otros materiales más convencionales como el vidrio o el acero, la instalación fotovoltaica puede suponer un incremento importante en el coste del edificio, lo que limita su expansión. En edificios comerciales e institucionales es más frecuente utilizar materiales costosos, por lo que es de prever que haya más oportunidades de expansión dentro de estos sectores que en el sector residencial. Si el mercado ofrece materiales fotovoltaicos que sean estéticamente atractivos, no debería cuestionarse su rentabilidad económica (el mármol o la cerámica decorativa, por ejemplo, no se instalan por su rentabilidad económica sino por cuestiones puramente estéticas).

Los sistemas fotovoltaicos integrados en edificios son unos claros candidatos a progresar en su desarrollo e implantación comercial en los próximos años. Sin embargo, el ritmo de despegue dependerá no sólo de las soluciones de integración existentes, sino de las medidas políticas destinadas a la expansión de este tipo de instalaciones y, sobre todo, del tratamiento tarifario que se aplique a los contratos con las compañías eléctricas y a la energía excedente generada.

1.4 Simulación de edificios fotovoltaicos conectados a la red eléctrica

Además de incentivos económicos que impulsen la expansión del mercado y una consecuente bajada de precios, para promover la extensión a gran escala de los "Edificios Fotovoltaicos Conectados a la Red" (EFCR) también es necesario desarrollar métodos de cálculo que permitan optimizar los diseños y las condiciones de funcionamiento, así como construir herramientas para simular, analizar y evaluar el comportamiento de este tipo de instalaciones.

La creciente potencia de los ordenadores personales ha permitido generalizar la utilización de herramientas de simulación, que hasta hace pocos años quedaban restringidas a ciertos ámbitos profesionales o académicos. Esta tendencia, común a diversas ramas de la ingeniería, es también aplicable a los problemas de diseño y análisis de sistemas fotovoltaicos. Sin embargo, hasta mediados de los años 90 no parecía que la simulación fotovoltaica hubiese avanzado al mismo ritmo que otras disciplinas. Una posible explicación de este fenómeno es que el grado de implantación y la repercusión económica de los sistemas fotovoltaicos, aunque creciente, no era comparable al de otro tipo de instalaciones. Otra causa (o tal vez una consecuencia) del reducido número de simuladores existente en aquel momento era la utilización generalizada de tablas y reglas de diseño basadas en la práctica, asumiendo la aparente facilidad de realizar diseños fotovoltaicos válidos sin la ayuda de una computadora.

Tal vez la reflexión anterior pueda ofrecer una imagen demasiado pesimista sobre el estado del arte en simulación fotovoltaica. Afortunadamente, como se verá en el siguiente capítulo, durante los últimos años han ido apareciendo nuevos programas realmente interesantes. La mayor parte de ellos entran dentro del ámbito académico, ya que se desarrollan como líneas de investigación en Facultades de Física o Escuelas Técnicas, normalmente dentro de sus programas de Doctorado. Otro grupo importante de programas está subvencionado por organismos oficiales como la Comunidad Europea o el Departamento de Energía de Estados Unidos, que intentan potenciar la utilización de fuentes de energía renovable y facilitar herramientas para su expansión. Por último, otras herramientas de simulación han sido realizadas por empresas privadas que han visto la posibilidad de negocio en el emergente mundo de la simulación fotovoltaica.

Ninguno de los programas existentes a finales de la pasada década estaba específicamente orientado a la integración fotovoltaica en la edificación, aunque sí existían numerosas herramientas dedicadas al estudio y balance energético de edificios (coste de la electricidad y combustibles utilizados para calefacción, emisiones contaminantes atribuibles al edificio, condiciones de iluminación y sombras, análisis de facturas eléctricas, técnicas de ahorro de agua y mejora de la calidad del aire, características ópticas de ventanales y aislamientos, etc.). No era posible, sin embargo, localizar herramientas específicamente dedicadas a estudios de integración, simulación global, análisis económico e impacto de la conexión de edificios fotovoltaicos sobre la red eléctrica, por lo que claramente había lugar para el desarrollo de nuevas herramientas que cubriesen estos aspectos.

Como una prueba más de su necesidad, durante los últimos años se han ido desarrollando trabajos que intentan paliar la ausencia de métodos de caracterización y análisis de edificios fotovoltaicos conectados a la red, ofreciendo métodos de modelado para predecir la energía útil anual o el porcentaje de consumo eléctrico que puede ser suministrado por el sistema fotovoltaico, modelos de análisis económico, métodos fotográficos para estimación de sombras, resultados de instalaciones fotovoltaicas concretas ya en funcionamiento, etc. Las herramientas desarrolladas en estos trabajos suelen estar presentadas en forma de tablas, curvas y gráficos que, aunque de indudable utilidad práctica, no ofrecen la flexibilidad y la potencia de análisis ofrecida por los simuladores software.

Fruto de la colaboración entre Red Eléctrica Española, Iberdrola, Endesa, el Ciemat, la Fundación Universidad Empresa y la UNED, en septiembre de 1998 se firmó un proyecto [Foto-RED, 1998] dedicado a estudiar los límites y competitividad de la penetración de la energía solar fotovoltaica en la red eléctrica española. Dentro de este proyecto se han desarrollado las herramientas de simulación necesarias para poder analizar el comportamiento de instalaciones fotovoltaicas, facilitando la elaboración de estudios de competitividad y el análisis de los límites reales de penetración de la energía solar fotovoltaica en la red. Como se irá viendo a lo largo de los próximos capítulos, una de estas herramientas, dedicada a la simulación de edificios fotovoltaicos, se ha desarrollado según los paradigmas de la programación distribuida, explotando las posibilidades de compatibilidad de software y ejecución multiplataforma ofrecidas por el lenguaje Java y la red Internet.

1.5 Contenidos

Junto con este primer capítulo dedicado a encuadrar el contexto de la energía solar fotovoltaica y a introducir algunos aspectos relativos a su simulación, los capítulos siguientes presentarán las herramientas de simulación fotovoltaica más significativas que se pueden encontrar actualmente en el mercado, y las características de un nuevo simulador de edificios fotovoltaicos incluido en el CD-ROM.

El capítulo 2 describe el panorama actual de las herramientas de simulación fotovoltaica y los simuladores energéticos para edificios. Junto con varias reflexiones generales sobre los objetivos y estrategias utilizadas por este tipo de herramientas, se ofrece una completa relación de programas disponibles actualmente en el mercado, indicando qué posibilidades ofrecen al diseñador y cómo conseguir versiones comerciales o de evaluación gratuita.

El capítulo 3 describe los aspectos generales y la interfaz de usuario del nuevo simulador "*Foto-RED*" versión 2.1. Sin entrar en detalles de bajo nivel sobre la estructura interna del programa, este capítulo realiza una descripción funcional del simulador, indicando cómo se utiliza y qué posibilidades ofrece al usuario. Todos los detalles sobre la arquitectura y el funcionamiento interno del simulador (diagramas UML y bloques de código) se han relegado a un capítulo adicional, incluido en el CD-ROM, que puede resultar útil a programadores interesados en desarrollar simuladores fotovoltaicos y aplicaciones destinadas a ejecutarse a través de redes como Internet.

El capítulo 4 presenta varios casos prácticos de simulaciones realizadas con el programa *Foto-RED v2.1*. Además de presentar la filosofía general de utilización y las posibilidades que ofrece la herramienta, se describen las conclusiones obtenidas después de simular varios edificios reales en España y el extranjero.

Cualquier herramienta para predecir comportamientos mediante simulación está expuesta a errores, por lo que es preciso fijar el margen de exactitud obtenible en la mayoría de los casos. Partiendo de valores medidos de consumo, radiación solar y generación fotovoltaica en edificios, el anexo C incluido en el CD-ROM presenta un resumen de los resultados obtenidos durante la validación del simulador *Foto-RED*.

Por último, dos apéndices finales incluyen una descripción detallada de los contenidos adicionales incluidos en el CD-ROM y la bibliografía a que se hace referencia en el texto.

Capítulo 2: Simuladores fotovoltaicos y análisis energético de edificios

Este capítulo está dedicado a las herramientas de simulación energética de edificios y, muy en particular, a los simuladores fotovoltaicos disponibles actualmente en el mercado. Además de una pequeña introducción sobre aspectos relativos a las técnicas de simulación energética aplicables a la edificación, el capítulo recoge una amplia colección de herramientas a disposición de ingenieros, arquitectos y diseñadores fotovoltaicos. Junto con una breve descripción de sus características y posibilidades, se ofrece información de cómo obtener versiones de evaluación o demostración a través de la red Internet.

2.1 Simulación energética de edificios

Ya que la tecnología fotovoltaica es un elemento recién llegado al mundo de la edificación, no es de extrañar que el número de simuladores de edificios fotovoltaicos conectados a la red (EFCR) a disposición de los diseñadores sea muy limitado. Sería deseable, sin embargo, que la tecnología fotovoltaica empezase a ser tenida en cuenta en los nuevos simuladores energéticos de propósito general como un elemento más que afecta al balance energético global del edificio, de forma similar al aire acondicionado, la iluminación o la calefacción. Lo cierto es, que hoy por hoy, en los proyectos fotovoltaicos se suele dedicar a la fase de diseño una fracción muy pequeña del presupuesto total, algo que se nota en el nivel de detalle de los simuladores existentes.

La mayor parte de las herramientas de simulación para edificios existentes en la actualidad están dedicadas al estudio y evaluación de consumos. El principal objetivo de estos programas suele ser la predicción del consumo eléctrico o de combustibles a partir de la descripción del edificio que haga el usuario. Dependiendo del tipo de programa esta descripción puede ser más o menos detallada, pero el objetivo común suele ser la obtención de diseños óptimos desde un punto de vista energético.

Las herramientas de simulación energética de edificios permiten tomar mejores decisiones acerca de las características óptimas de las fachadas y cubiertas, acristalamiento e iluminación natural, sistemas de aire acondicionado de bajo consumo, iluminación artificial, calefacción, orientación del edificio, etc. Entre otras muchas cuestiones, por medio de simuladores energéticos se pueden obtener respuestas a preguntas como las siguientes:

- ¿Cuál es la orientación óptima del edificio para minimizar el consumo?
- Para un volumen edificado constante, ¿cuál es la forma geométrica más eficiente desde un punto de vista energético?
- ¿Cuáles son los niveles de aislamiento económicamente más efectivos para los muros interiores, fachadas y tejados en un clima determinado?
- ¿Merece la pena invertir dinero en instalar doble acristalamiento?
- Si se instala un sistema de iluminación frío de bajo consumo, ¿cuánto se podría ahorrar en aire acondicionado?
- ¿Cuál es el efecto de añadir más ventanas al edificio o variar la orientación de las existentes?
- ¿Cómo se debe colocar el mobiliario para maximizar el aprovechamiento de la luz natural que entra por las ventanas?
- ¿Qué potencia y orientación debería tener el «array» fotovoltaico para cubrir un determinado porcentaje del consumo anual del edificio?
- ¿Cómo afectaría el comportamiento térmico de una fachada fotovoltaica translúcida a los consumos anuales en refrigeración, calefacción e iluminación artificial del edificio?

Algunos diseñadores responden a este tipo de cuestiones intentando desarrollar las ecuaciones que describen el comportamiento energético del edificio, aplicando reglas basadas en la experiencia, guiándose por su propia intuición o, simplemente, las ignoran por completo. Sin embargo, si utilizan simuladores, tienen muchas más posibilidades de ofrecer un buen servicio al cliente, basando sus decisiones en información mucho más precisa, detallada y contrastable.

Es difícil estimar el coste de explotación por consumo energético de un edificio cuando todavía se encuentra en las fases iniciales de diseño. Estos costes dependerán de numerosos factores, tales como las características constructivas, orientación de fachadas y ventanas, niveles de ocupación, clima, horarios de utilización, eficacia energética de los sistemas de iluminación, aire acondicionado y otras cargas eléctricas del edificio. Considerar todos estos factores y sus interacciones es una tarea difícil que, además, depende del intervalo temporal seleccionado. Por este motivo, las simulaciones energéticas en edificios no eran una práctica común hasta la aparición de los potentes sistemas de computación actuales. Las herramientas software más sofisticadas de la actualidad permiten estimar los consumos horarios a lo largo de todo el año, y ya se empieza a plantear la necesidad de realizar simulaciones todavía más detalladas, en intervalos menores de una hora.

La decisión de qué simulador utilizar debería estar basada en qué tipo de respuestas se buscan, el nivel de detalle precisado y los datos de entrada disponibles. No siempre es recomendable invertir tiempo y esfuerzo en obtener un modelo muy detallado del edificio a simular. Dependiendo del tipo de proyecto, puede que los resultados obtenibles por simulación no merezcan realmente la pena. Esto es especialmente cierto si el diseño o la construcción del edificio están ya tan avanzados que no se van a poder modificar aunque se descubran buenas alternativas. Para aprovechar al máximo el potencial de las herramientas de simulación de edificios, es preciso tener en cuenta algunas consideraciones:

– Realizar simulaciones desde las etapas iniciales del diseño. Aunque sean simulaciones muy imprecisas (tal vez sólo se conozca el tamaño aproximado del edificio, si será un edificio comercial, de oficinas, un colegio, etc., y dónde estará situado), pueden ayudar a tomar decisiones importantes sobre la orientación del edificio, forma geométrica, etc.

– Seleccionar cuidadosamente los datos que se introducirán al simulador. La mejor estrategia suele ser buscar la simplicidad, no añadiendo más detalle al modelo de simulación que el estrictamente necesario para conseguir los objetivos, ignorando todos los detalles que sean irrelevantes. Lamentablemente, no siempre es sencillo determinar qué es necesario y qué es accesorio en el conjunto de datos de entrada de una simulación.

– Refinar la simulación en iteraciones sucesivas, de forma que el modelo vaya evolucionando con el diseño y sea un reflejo suficientemente aproximado del mismo en todo momento.

– Interpretar los resultados con sumo cuidado. A veces no es el simulador el que ofrece resultados incorrectos sino el analista de los resultados el que los malinterpreta. Es preciso ser precavido a la hora de inferir resultados generalistas a partir de resultados parciales que tal vez no tengan la validez universal esperada.

– Comparar los resultados ofrecidos por el simulador con las estimaciones propias del diseñador. Tal vez pueda parecer una contradicción, pero cualquier usuario de un simulador debería tener una idea bastante aproximada del rango en que se moverán unos resultados realistas. Ésta suele ser la mejor manera de detectar inconsistencias en la información manejada por el simulador, normalmente debidas a errores durante la introducción de datos.

Gran parte de la información que se irá presentando a continuación se ha localizado a través de la red Internet, la cual siempre ha sido especialmente eficaz para encontrar información relacionada con informática y computadoras, ya que los propios creadores del software explotan las posibilidades de la red para promocionar sus productos. En el caso de instituciones académicas sin ánimo comercial directo esta reflexión sigue siendo válida, ya que es frecuente utilizar la red para dar a conocer los trabajos de investigación y publicaciones realizadas en los Departamentos. De entre las muchas páginas visitadas durante la elaboración de este trabajo, tal vez se pueda destacar el servicio de información ofrecido en *www.eren.doe.gov/buildings/tools_directory/* por el "Energy Efficiency and Renewable Energy Network" (EREN), dependiente del Departamento de Energía de los Estados Unidos. Esta dirección contiene un directorio de herramientas relacionadas con cálculos energéticos de edificios donde se recogen programas dedicados al análisis energético global de edificios, cálculo de cargas, energías renovables, sistemas de iluminación natural y artificial, contaminación atmosférica, costes energéticos, calidad del aire en espacios cerrados, análisis de climatización, ventilación, arquitectura solar, etc. Algunos de estos programas son de libre distribución, mientras que otros son productos comerciales. En todos los casos el directorio indica cómo y dónde se pueden adquirir, por lo que es un excelente punto de partida para cualquier lector interesado en localizar una herramienta de simulación que se ajuste a sus necesidades particulares.

2.2 Herramientas de estimación de consumos

El programa de simulación energética horaria para edificios más famoso es probablemente ***"DOE-2"***, disponible gratuitamente en *www.doe2.com*. Fue desarrollado para el Departamento de Energía de EE.UU. por el "Lawrence Berkeley National Laboratory". Es una herramienta muy potente que acepta y genera muchísimos datos, pero que carece de una interfaz gráfica propia y resulta difícil de utilizar. Está en circulación desde 1978 y, dado el gran número de trabajos realizados con este programa, es una herramienta bien conocida y validada.

DOE-2 permite seleccionar la combinación de parámetros del edificio que optimizan la eficiencia energética manteniendo el confort térmico global. Calcula valores de consumo horario y el coste de la energía en edificios residenciales o comerciales, a partir de información sobre las condiciones meteorológicas, detalles constructivos y de operación del edificio, calefacción, ventilación, aire acondicionado, etc. Dada la flexibilidad y el amplio espectro de datos de entrada que admite, *DOE-2* puede ser utilizado para múltiples aplicaciones relacionadas con el diseño de la estructura externa del edificio, sistemas de aire acondicionado, estudios de ahorro energético global, alternativas de reducción de consumo en horas punta, etc. Permite estudiar el efecto energético de variar el espesor, tipo de material y orientación de tejados y fachadas, impacto de los sistemas de iluminación, niveles y horarios de ocupación, empleo de vidrios tintados, cristales reflectantes o toldos para sombreado. También facilita el estudio de posibles alternativas para la remodelación de edificios ya existentes.

Para extender la utilización de este simulador a todo tipo de usuarios, se han ido desarrollando interfaces gráficas que agilizan la entrada de datos y la interpretación de resultados.

"VisualDOE", por ejemplo, permite importar ficheros generados con AutoCAD®, reduce el tiempo necesario para introducir datos, e incluye una librería de tipos de vidrio, materiales de construcción y horarios de utilización predefinidos. La última versión de este programa está disponible, aunque no gratuitamente, en *www.eley.com*.

"PowerDOE" es otra interfaz gráfica para el motor de cálculo *DOE-2.2*. Permite utilizar muros no rectangulares, y ofrece renderizados del edificio a estudiar. Aunque es un programa de pago, se puede obtener una licencia gratuita de evaluación durante 90 días en *www.doe2.com/PDLicInf.html*.

"Energy-10" (*www.nrel.gov/buildings/energy10*) es otro programa basado en *DOE-2* que proporciona un método de evaluación rápida de las estrategias para aumentar la eficiencia energética en edificios comerciales y residenciales no muy grandes (es adecuado para edificios de menos de 10 000 pies cuadrados de superficie, de ahí el nombre de Energy-10). Se trata de una herramienta, orientada a PCs bajo Windows®, que considera aspectos como la iluminación natural, calentamiento solar pasivo, aislamientos, orientación de ventanas, sombras, etc. *Energy-10* incorpora dos motores de simulación diferentes, uno para análisis térmico y otro para análisis de iluminación natural. Estos motores simulan 8760 horas (un año completo) de las condiciones climáticas correspondientes a la localización geográfica indicada por el usuario, considerando la descripción del edificio y las características de operación. Lamentablemente, la base de datos meteorológicos incluida en el programa sólo contiene información correspondiente a 239 ubicaciones en Estados Unidos, aunque permite interpolar datos para emplazamientos no incluidos.

Además de las interfaces gráficas para facilitar la gestión de datos en *DOE-2*, también existen otros simuladores de propósito específico que, aunque basados en el mismo motor de simulación general, se han adaptado especialmente al estudio de algún tipo de edificio o consumo particular. Algunos ejemplos de este tipo de programas pueden ser:

"HAP" (*Carrier Hourly Analysis Program*), para realizar cálculos horarios de sistemas de aire acondicionado (*www.carrier.com*).

"EnergyPro", que contiene una librería de equipos de aire acondicionado y materiales de construcción (*www.energysoft.com*).

"SkyCalc", para determinar las mejores estrategias de iluminación y reducción de consumos (*www.energydesignresources.com*).

"eValuator", una herramienta financiera para calcular los beneficios derivados de inversiones realizadas en la mejora de edificios que se puede descargar en *www.energydesignresources.com*.

Como se verá en los próximos capítulos, la utilización de edificios de referencia para estimar consumos es una práctica relativamente extendida que también se ha utilizado para desarrollar el simulador *Foto-RED* que se incluye en el CD-ROM. Algunos programas como **"CBIP"** utilizan un edificio de referencia para calcular la variación porcentual del consumo en el edificio estudiado. Los modelos de cálculo de consumo de este programa se obtuvieron después de realizar múltiples simulaciones con *DOE-2.1E*, considerando diferentes combinaciones de tipo de edificio, emplazamiento, aire acondicionado, combustible para calefacción, etc., obteniendo correlaciones entre el consumo mensual y la geometría externa del edificio, eficiencia de los equipos, iluminación, densidad de potencia instalada, etc. Estas ecuaciones de correlación son utilizadas por *CBIP* para estimar la eficiencia del edificio y cuantificar el impacto de las desviaciones de parámetros con respecto al caso base de referencia. Aunque este sistema permite estimar el consumo del edificio definiendo un número de parámetros mínimo, limita la validez universal del modelo, ya que sólo se pueden simular 7 tipos de edificios comerciales de uso muy frecuente. Para sortear esta limitación se ha desarrollado otra versión más detallada de este mismo programa denominada **"EE4 CBIP"** (http:*//buildingsgroup.nrcan.gc.ca/ee4*), que también está basada en simulaciones previas con *DOE-2.1E*.

"SOLAR-5" (*www.aud.ucla.edu/energy-design-tools*) es un programa gratuito desarrollado en la universidad de California y que, a pesar de su nombre, no está orientado al análisis de sistemas solares sino al estudio energético de edificios. Es un sistema experto validado frente a *DOE-2*, pero mucho más sencillo de utilizar, y especialmente aprovechable durante las fases iniciales del diseño del edificio. Utiliza datos *TMY* del año meteorológico típico del emplazamiento para obtener las pérdidas o ganancias térmicas a través de las diferentes zonas, temperaturas interiores y exteriores del aire, consumos de combustibles y electricidad, consumos en calefacción y aire acondicionado, índices de contaminación atribuibles al edificio, etc. Utiliza datos meteorológicos en secuencia horaria, e incluye un programa independiente, denominado **"RATES"**, que contiene datos sobre tasas eléctricas y una hoja de cálculo para manejar datos reales recogidos en edificios monitorizados o medidos en laboratorio.

"BLAST" (*Building Loads Analysis and System Thermodynamics*) es un conjunto de programas para predecir los consumos energéticos en calefacción y refrigeración de un edificio, analizando los costes asociados. Al igual que *DOE-2*,

BLAST también dispone de algunas interfaces gráficas asociadas, como por ejemplo ***"HBLC"*** (*Heat Balance Loads Calculator*), que facilitan la utilización de este programa (*www.bso.uiuc.edu/BLAST/main.html*).

"ENERGY PLUS" (*www.bso.uiuc.edu/EnergyPlus/index.html*) es un simulador energético de edificios desarrollado a partir de *DOE-2* y *BLAST*, intentando combinar y aportar algunas novedades sobre estos dos programas ya clásicos. Al igual que *DOE-2*, no ofrece una interfaz gráfica propia (la entrada de datos se realiza mediante un fichero ASCII), por lo que es de suponer que irán apareciendo nuevas interfaces específicas desarrolladas por otras empresas. Los resultados también se ofrecen en ficheros que pueden ser importados desde otras aplicaciones. Es un simulador detallado (ofrece intervalos de simulación menores de una hora), pero difícil de utilizar por su carencia de interfaz.

2.3 Estudio de sombras y geometría solar

Dentro de este apartado se presenta un grupo de programas dedicados a cálculos de geometría y trayectorias solares, así como a la estimación de sombras sobre superficies orientadas arbitrariamente. El principio de funcionamiento de todos estos programas es muy similar. El usuario debe definir las coordenadas geográficas del emplazamiento, la fecha y hora iniciales y el intervalo temporal de la simulación. Como resultados algunos programas muestran diagramas de trayectorias solares sobre la esfera celeste, mientras que otros ofrecen series de coordenadas con posiciones consecutivas del Sol. Una vez establecida la trayectoria solar local, los programas de estimación de sombras requieren que el usuario defina el perfil del horizonte local y las geometrías de todos aquellos objetos que puedan interferir con la radiación incidente sobre la superficie receptora. Aunque la mayoría de estos programas no están específicamente orientados a los sistemas fotovoltaicos, es evidente su utilidad a la hora de estimar las sombras sobre un campo de paneles o sobre las fachadas de un edificio. Comenzaremos presentando los programas que sólo calculan las trayectorias solares, para finalizar con las herramientas de estimación de sombras.

Algunos programas como ***"GeoClock"*** (*www.fotovoltaica.com/geoclock.exe*), ***"SunPlot3D"*** (integrado en la suite "*Solar Design Studio*", que se verá más adelante), ***"SunAngle"*** (*www.susdesign.com/sunangle*) o ***"SunPath"*** (*www.fsec.ucf.edu*), están dedicados a la realización de los cálculos de geometría solar necesarios para obtener la declinación, ángulo horario, altitud y azimut solar en cualquier fecha y emplazamiento, ofreciendo los resultados en diagramas o tablas. Otros programas, como ***"SunPosition"*** (*www.susdesign.com/sunposition*), calculan series temporales de datos angulares sobre altitud y azimut solar, generando ficheros de texto que pueden ser importados desde hojas de cálculo o programas de simulación energética solar.

"SunSpec" es un ejemplo de otro tipo de programas dedicados a estimar la radiación solar incidente sobre una superficie. Para unas condiciones atmosféricas y una posición solar determinada por el usuario, este programa para MS-DOS® calcula el espectro de radiación solar directa, difusa y reflejada sobre cualquier superficie. *SunSpec* ofrece unas condiciones atmosféricas y geométricas por defecto que pueden ser editadas por el usuario (concentraciones de ozono, vapor de agua, albedo, altitud y azimut solar, etc.). Puede exportar los resultados en un formato reconocible por el programa Window que calcula las propiedades ópticas y térmicas de transferencia de energía solar en ventanas de edificios. Al igual que *SunPath*, estos dos programas han sido desarrollados en el "Florida Solar Energy Center" (*www.fsec.ucf.edu*).

Dentro del grupo de programas dedicados al estudio de sombras encontramos herramientas como ***"Sun_Chart"*** (*www.srv.net/opt/sunchrt.html*) o ***"SHADOWS"*** (*www.taitsolar.com*) que, además de calcular diagramas de trayectorias solares en cualquier fecha y posición geográfica, dibujan diagramas de sombreado o predicen la longitud y dirección de las sombras producidas por edificios, paisaje o cualquier objeto definido por el usuario. **"SUNCAST"** (*www.ies4d.com*) es otro ejemplo de este tipo de programas. Permite al usuario generar un modelo tridimensional del edificio y, una vez definida la fecha y ubicación, obtener las sombras existentes sobre cualquier superficie del modelo, analizando la obstrucción solar causada por otros edificios colindantes o por el propio edificio sobre sí mismo. Estos programas se utilizan sobre todo en diseños solares pasivos, comparación de estrategias de iluminación, colocación de mobiliario, etc., pero pueden también aplicarse a estudios fotovoltaicos.

"SUNDI" (http://*emsolar.ee.tu-berlin.de/simulation/sundi.html*) utiliza diagramas de órbita solar y perfiles de horizonte (fig. 2.1) para calcular las pérdidas de irradiancia solar motivadas por sombras. Ofrece resultados horarios, diarios y mensuales que se pueden exportar a otros programas para Windows®.

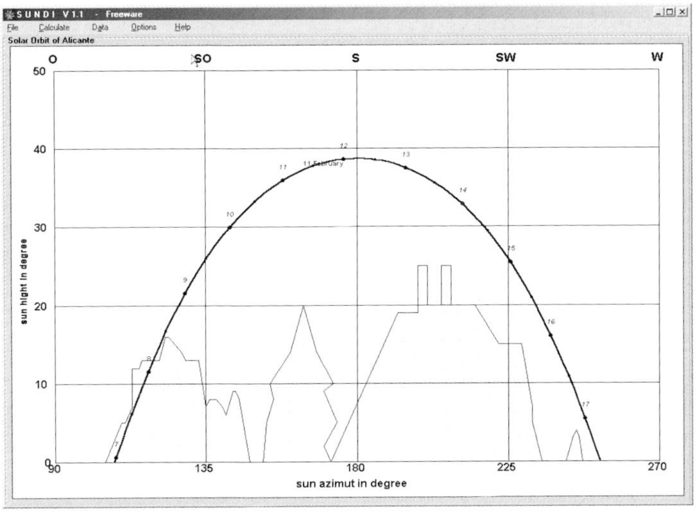

Fig. 2.1. Diagramas de perfil de horizonte y trayectoria solar del simulador SUNDI v1.1.

"PC-Solar" (*www.3dsoftware.com*) calcula y muestra diversas variables relacionadas con la energía solar y el diseño de edificios. Determina las sombras sobre los diferentes elementos del edificio, calcula los ángulos de incidencia de los rayos solares para cualquier orientación e inclinación, genera las trayectorias del Sol en cualquier fecha y latitud, calcula la ganancia solar a través de ventanas, puertas, superficies acristaladas de invernaderos, etc.

La versión 2.0 de este programa se puede adquirir en España a través del "Centro de Estudios de la Energía Solar" (*www.censolar.es*).

"SolarTool" (*www.squ1.com*) es un programa desarrollado en la Universidad de Cardiff (Gales). Permite al usuario generar modelos paramétricos de muros con ventanas y colocar cualquier tipo de objeto que proporcione sombra, analizando su efecto en función de la posición, fecha y hora de la simulación. Obtiene resultados de penetración solar en el edificio, diagramas de trayectorias solares, ángulos solares, porcentajes de superficie en sombra, etc. Ayuda a optimizar la forma, tamaño y colocación de objetos para minimizar o maximizar las sombras sobre el edificio.

"SolrPath" (*www-esl.tamu.edu/software/solrpath.html*) estima el efecto de las sombras al diseñar ventanas y superficies acristaladas de edificios. Está formado por varios subprogramas dedicados a calcular las trayectorias solares a lo largo del año, estimar la radiación solar sobre superficies, calcular las pérdidas o ganancias térmicas a través de ventanas y gestionar los datos meteorológicos.

"Sombrero" (http://*nesa1.uni-siegen.de*) proporciona resultados cuantitativos acerca del sombreado de colectores solares, ventanas o paneles fotovoltaicos debido a la presencia de árboles, otros edificios, etc. Los resultados se ofrecen en forma de coeficientes geométricos de sombreado para el período de simulación seleccionado. También se puede generar un fichero VRML (*Virtual Reality Modeling Language*) que describe la situación de las sombras sobre un modelo tridimensional. Este programa ha sido desarrollado en el Grupo de Física de Edificios y Energía Solar de la Universidad de Siegen (Alemania), por lo que su interfaz de usuario está escrita en Alemán (figura 2.2).

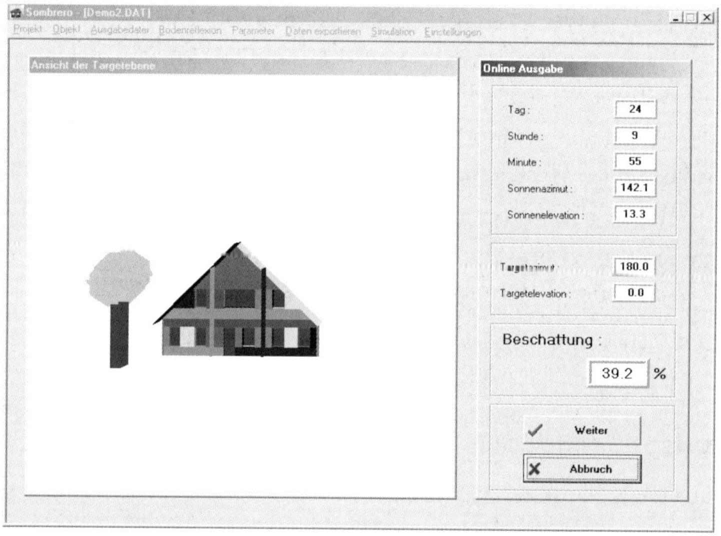

Fig. 2.2. Ventana de simulación gráfica en el programa Sombrero v3.02.

2.4 Otros simuladores solares

Por carecer de relevancia para las aplicaciones fotovoltaicas, dentro de este repaso a las herramientas de simulación energética de edificios no se analizarán en profundidad los simuladores dedicados exclusivamente a sistemas solares térmicos de calentamiento de agua, arquitectura solar pasiva, análisis del comportamiento térmico de ventanas y superficies acristaladas, etc. Las interacciones que se producen en estos sistemas deben estudiarse mediante programas que simulen su comportamiento térmico-dinámico, siendo capaces de solucionar las ecuaciones que gobiernan la transferencia de calor y los flujos de aire.

"ESP" (*www.esru.strath.ac.uk*) es un ejemplo de este tipo de programas, habiendo sido desarrollado en el "Energy Systems Research Unit" (ESRU) de la Universidad de Strathclyde (Glasgow). Ofrece un modelo energético dinámico, dependiente del tiempo, que considera la masa térmica de la estructura del edificio, los mecanismos de intercambio de calor, los efectos del viento, etc.

"RENCON" (http://*archone.tamu.edu/~energy/enersamp.exe*) es otro programa que contempla estrategias de conservación energética en pequeños edificios comerciales o residenciales, computando los costes del consumo anual en calefacción, refrigeración o agua caliente, y evaluando la utilización de colectores solares para calentar agua o espacios interiores del edificio.

"WinSARC" (*www.taitsolar.com*) calcula ángulos solares y radiaciones solares medias, estimando el impacto térmico relativo del Sol sobre materiales de construcción, ventanas y colectores solares.

"SolaCalc" (*www.solacalc.freeserve.co.uk*) calcula pérdidas de calor y ganancias solares en edificios residenciales empleando hojas de cálculo enlazadas, aunque los datos meteorológicos que contiene son del Reino Unido.

Para los lectores interesados en profundizar sobre el tema, estos son algunos de los programas más relevantes que tienen a su disposición:

"SolArch" (*www.kahl.net/solarch*)

"IPSE" (*www.kahl.net/ipse*)

"SolDesigner" (http://*home.foni.net/~c-a-drescher*)

"TSOL" (*www.tsol.de*)

"F-Chart" (*www.fchart.com/fchart/fchart.shtml*)

"SolarPro" (*www.mauisolarsoftware.com*)

2.5 Simuladores fotovoltaicos de propósito general

Este apartado incluye varias herramientas de simulación fotovoltaica, localizadas después de una amplia labor de documentación. Salvo las pocas herramientas de simulación específicamente orientadas a edificios fotovoltaicos (que se presentarán en una sección posterior independiente), los programas recogidos en este apartado se han organizado en cuatro grandes grupos: simuladores de células fotovoltaicas orientados a laboratorio, herramientas de diseño de sistemas fotovoltaicos autónomos con baterías o conectados a la red, simuladores de grandes plantas fotovoltaicas y herramientas de diseño para estaciones de bombeo fotovoltaico. La línea divisoria para clasificar estos programas no siempre es clara (algunas herramientas permiten trabajar con sistemas autónomos de baterías o conectados a la red, por ejemplo), por lo que en los casos dudosos se ha considerado la que parece ser su principal orientación.

El principal objetivo de todos estos programas es facilitar el diseño de sistemas fotovoltaicos, estudiando las relaciones entre los componentes de la instalación, sus características, el terreno sobre el que se asientan y la trayectoria del Sol en el lugar elegido. Para trabajar con cualquier proyecto de diseño a nivel de simulación detallada, se suele comenzar por especificar su emplazamiento y los datos meteorológicos en secuencia horaria. Estos últimos se pueden importar desde ficheros con medidas reales, o bien dejar que el simulador los genere artificialmente a partir de su base de datos interna. Si los datos disponibles no coinciden con el emplazamiento exacto deseado, algunos programas permiten introducir correcciones relacionadas con la distancia, altitud y clima para ajustar la validez de aquéllos. A fin de agilizar los cálculos, algunas herramientas simplificadas utilizan datos meteorológicos mensuales (valores medios) en vez de datos horarios.

Para calcular la energía incidente sobre el campo fotovoltaico, el usuario debe seleccionar el tipo y número de paneles, indicando si se realiza seguimiento en uno o dos ejes, si la estructura es fija o si se somete a alguna reorientación estacional a lo largo del año. Aunque no es muy frecuente, a veces es posible especificar el perfil del horizonte y las sombras a que se ve sometido el campo colector a lo largo del día.

Una vez ejecutada la simulación, estos programas suelen ofrecer los estados de carga de las baterías a lo largo de todo el año, la energía comprada y vendida a la red, el coste total del sistema, vida estimada de la instalación, años de explotación necesarios para recuperar la inversión inicial, recomendaciones sobre la potencia de los módulos fotovoltaicos y la capacidad de la batería, tablas y representaciones gráficas de la energía solar incidente, probabilidad de no poder suministrar toda la energía solicitada por los consumidores, etc. Estos resultados se pueden analizar gráficamente, por medio de tablas, o exportarlos en ficheros compatibles con hojas de cálculo u otros programas.

Las bases de datos de condiciones meteorológicas incluidas en estos programas suelen adolecer de una clara limitación geográfica. Evidentemente, el volumen de información necesario para poder realizar simulaciones en cualquier punto del planeta sería enorme, por lo que suelen abarcar zonas geográficas determinadas. Queda, por tanto, a responsabilidad del usuario conseguir la información sobre condiciones ambientales que precise. Otros programas sólo admiten como unidad monetaria el dólar, lo que demuestra la clara orientación norteamericana de muchos de ellos.

2.5.1 Simuladores de células fotovoltaicas

Como se verá a continuación, los fundamentos físicos asociados con las células fotovoltaicas se suelen estudiar mediante programas que modelan el transporte de electrones y huecos, así como los mecanismos de recombinación de portadores.

"*PVSIM*" (*www.sandia.gov/pv/*) es un programa para Windows® dedicado a la simulación de células fotovoltaicas individuales. Estudia los efectos del funcionamiento conjunto de células desparejas y la aparición de puntos calientes en módulos, y evalúa las prestaciones de «arrays» de paneles, incluyendo diodos de bloqueo y de paso. Como datos de entrada, el programa necesita conocer los parámetros de las células, diodos utilizados y una selección de los datos de salida deseados. El programa genera informes que contienen curvas *I-V* indicando los puntos de operación y los de máxima potencia, información sobre la configuración del «array» y una relación de las prestaciones de todos los elementos de éste que hayan sido seleccionados para su análisis.

"*PC1D*" (*www.pv.unsw.edu.au/pc1d*) resuelve las ecuaciones no lineales que describen el transporte cuasi-monodimensional de electrones y huecos en dispositivos semiconductores cristalinos como los materiales fotovoltaicos. *PC1D* simula el modelo de operación interna de las células solares de silicio cristalino utilizando un método numérico de elementos finitos que puede ampliarse a dos o tres dimensiones. Ha sido desarrollado en el "Photovoltaics Special Research Centre" de la Universidad de Nueva Gales del Sur (Australia), dentro de una línea de investigación sobre modelado de células solares de silicio.

El programa **"*SunRays*"**, desarrollado en el Instituto Max Planck de Stuttgart (*www.fkf.mpg.de*), simula el comportamiento óptico de células solares de silicio de diferentes texturas. Constituye una herramienta útil para optimizar el diseño óptico de células solares, lo que es de especial importancia en el caso de las células de silicio de capa delgada. La absorción de luz en las células solares depende de parámetros tales como el material de la célula, textura de la superficie, recubrimientos antirreflexión, encapsulado, espectro de iluminación, ángulo de incidencia, estado de polarización, etc. SunRays tiene en cuenta estos parámetros a la hora de estimar, mediante un análisis óptico geométrico global, valores de las corrientes de cortocircuito en la célula, perfiles de generación de potencia, y espectros de reflectancia, transmitancia y absorción.

"*IQE1D*" (*www.garching-innovation.mpg.de/e_fraset/e_frset.htm*) es otro programa dedicado a simular el comportamiento óptico y el transporte electrónico en células solares de silicio. Como parámetros de entrada, IQE1D necesita conocer los espectros de reflectancia y eficiencia cuántica externa, así como las concentraciones de dopado y espesores de la célula. Ofrece como datos de salida las longitudes de difusión, velocidades de recombinación en la superficie, contribuciones a la densidad de corriente de cortocircuito de cada zona de la célula, y diagramas de confianza que muestran las posibles combinaciones de parámetros de recombinación que se ajustan a los datos recogidos experimentalmente.

2.5.2 Simuladores de sistemas fotovoltaicos autónomos con baterías o conectados a la red eléctrica

"***PVSYST***" es una potente herramienta de simulación desarrollada en el Centro de Estudios Energéticos de la Universidad de Ginebra (*www.unige.ch/cuepe*), el mismo centro donde se han desarrollado otros programas dedicados a la simulación solar y energética como "***ENERCAD***" (*www.enercad.com*) o "***METEONORM***" (*www.meteotest.ch*). La versión 2.0 de *PVSYST* ya estaba disponible a finales de los años 90, aunque con una interfaz de usuario todavía poco organizada. Las nuevas versiones han mejorado notablemente este aspecto (figura 2.3).

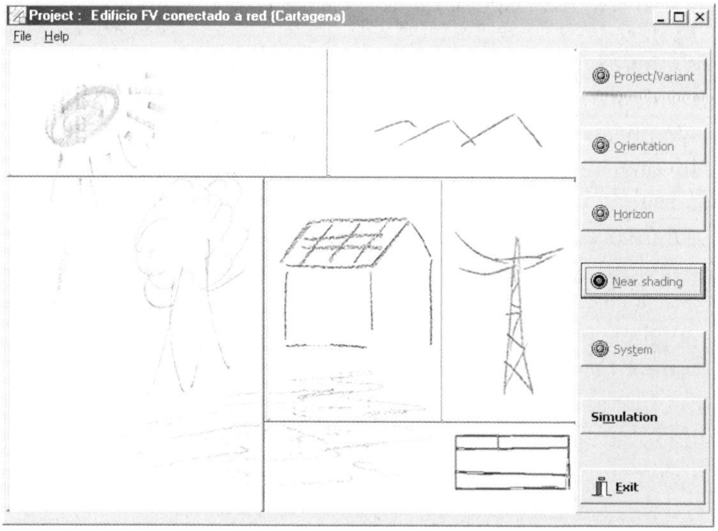

Fig. 2.3. Interfaz para definición de proyectos en PVSYST 3.21.

PVSYST puede trabajar con sistemas fotovoltaicos autónomos con baterías, conectados a la red eléctrica convencional o conectados a redes de corriente continua como las utilizadas en algunos sistemas de transporte público. Incluye bases de datos meteorológicos, componentes fotovoltaicos, inversores y baterías. Esta herramienta está organizada en tres apartados principales. Un primer entorno de diseño preliminar permite realizar un pre-dimensionado rápido de la instalación fotovoltaica, ofreciendo resultados sobre la potencia requerida, la capacidad estimada de producción y una evaluación económica preliminar orientativa. El segundo bloque de rutinas está dedicado al diseño detallado del proyecto. Requiere una mayor entrada de datos por parte del usuario, pero ofrece valores de simulación horaria y ayuda a elegir los componentes más adecuados para cada aplicación. Por último, dentro del apartado "herramientas", se incluyen las bases de datos meteorológicas y de componentes, herramientas de estudio de la geometría solar, etc. *PVSYST* permite importar datos reales medidos en la práctica y compararlos con los resultados de la simulación. Se trata, en definitiva, de un programa muy interesante, del cual existe una versión gratuita de evaluación (*www.pvsyst.com*).

"SOLDIM" (*www.soldim.de*) es otra herramienta de diseño y planificación de sistemas fotovoltaicos aislados o conectados a la red eléctrica. Permite realizar cálculos del tamaño del generador solar y baterías para una carga y ubicación dadas, simular diferentes alternativas de diseño, visualizar diagramas *I-V* de generadores solares a diferentes temperaturas de trabajo, importar hojas de cálculo, etc. Incluye ficheros de datos meteorológicos y una base de datos de componentes. La estructura del programa está dividida en cuatro módulos diferentes. Un módulo de programación solicita al usuario los datos necesarios para la simulación, detectando inconsistencias y posibles puntos conflictivos en la etapa de prediseño. Otro módulo realiza la captura de datos y selecciona los procedimientos aplicables en cada caso para las rutinas de simulación. Por último, los módulos de herramientas y presentación de resultados permiten seleccionar los componentes y los ficheros que describirán el comportamiento del sistema después de la simulación. Se puede obtener una versión gratuita de evaluación de este programa en: *ftp://ftp.e-technik.fh-muenchen.de/local/LSE/files/soldim.zip*. Está prevista una nueva versión que se denominará ***"SOLDIM VPVS"*** (*Solar Dimension Visual PV Studio*) y que reunirá los módulos de simulación ya existentes con otros nuevos dedicados a estaciones de bombeo fotovoltaico y sistemas híbridos.

"PVS" (*www.softguide.de*), programa desarrollado en el "Fraunhofer-Institut for Solar Energy-Systems" de Friburgo, facilita la planificación de proyectos fotovoltaicos autónomos o conectados a la red eléctrica. Permite predecir balances energéticos del sistema fotovoltaico en función de sus características intrínsecas y parámetros de instalación tales como el tipo, número, orientación o el ángulo de inclinación de los paneles. Incluye rutinas para estimar y optimizar la capacidad necesaria de baterías. *PVS* trabaja según un principio temporal discreto, donde las variables de estado del sistema se recalculan en intervalos horarios, ofreciendo los resultados de la simulación en tablas y diagramas (figura 2.4).

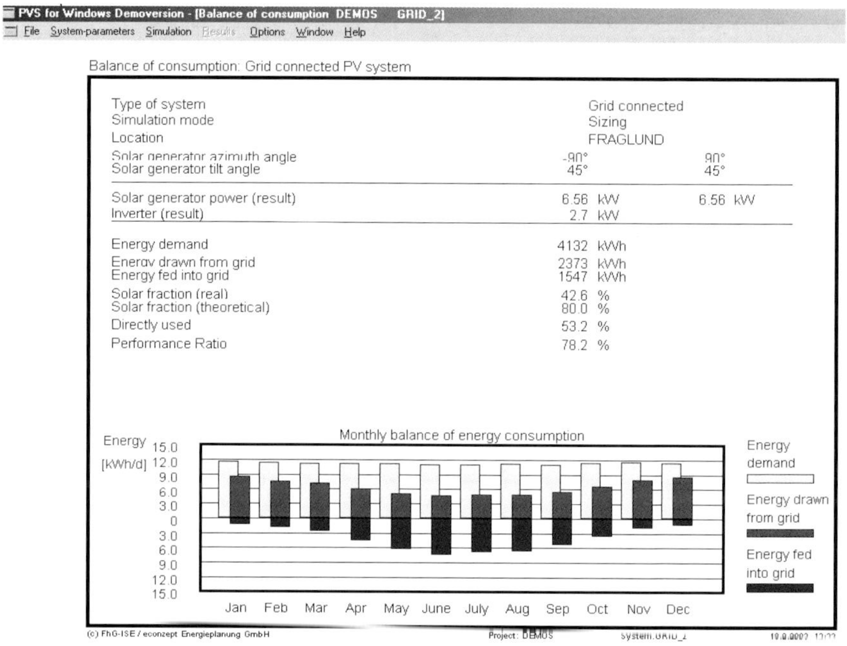

Fig. 2.4. Simulación de sistemas fotovoltaicos conectados a la red con el programa PVS.

"PVCALC" (*ftp://ftp.e-technik.fh-muenchen.de/local/LSE/files/pvcd106.exe*) es un programa austriaco orientado al diseño rápido de instalaciones fotovoltaicas aisladas o conectadas a la red. Se ha elaborado a partir de un programa previo denominado "SOLAR", que fue desarrollado en 1992. Para realizar sus estimaciones, *PVCALC* utiliza varios grupos de datos que se pueden editar mediante tablas o gráficos:

- Datos del proyecto: Tipo de módulos FV, inclinación, orientación, baterías, etc.
- Datos del emplazamiento: Estadísticas sobre radiación y temperatura del aire.
- Curvas de los generadores solares, curvas de eficiencia, etc.

"SolEm" (*www.solem.de/index.html*) es un programa, basado en hojas de cálculo Excel®, para simular y dimensionar sistemas fotovoltaicos conectados a la red eléctrica (fig. 2.5). A pesar de que se ha anunciado la próxima disponibilidad de versiones multilingües, de momento sólo es posible obtener el programa en alemán.

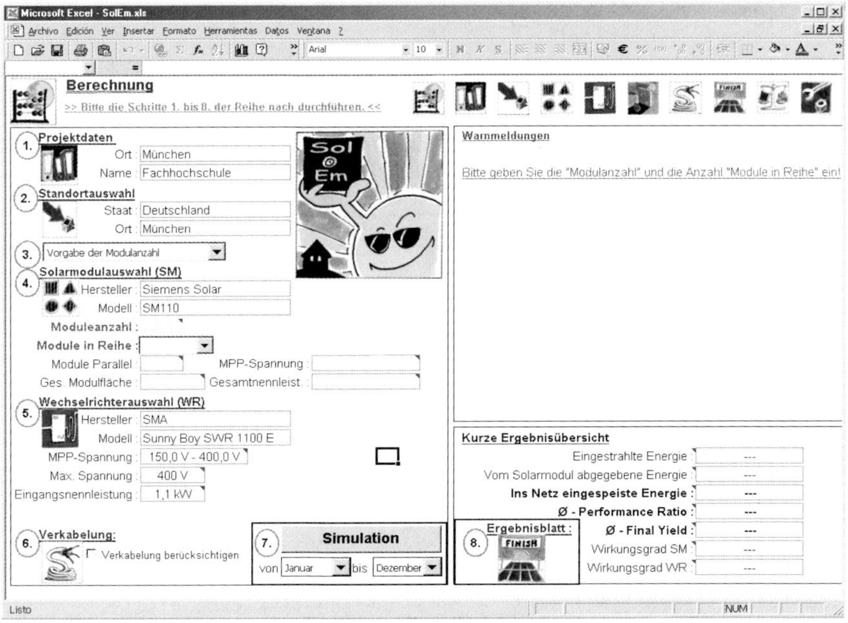

Fig. 2.5. Ventana general de especificación de proyecto en el programa SolEm.

"*PVWATTS*" calcula la energía eléctrica generada por sistemas fotovoltaicos conectados a la red. Ha sido desarrollado por el "National Renewable Energy Laboratory" de EE.UU., y tiene una validez geográfica limitada, ya que sólo contiene datos meteorológicos de territorio estadounidense. Hay dos versiones diferentes de este programa que se pueden ejecutar directamente en la red Internet. La primera (http://*rredc.nrel.gov/solar/codes_algs/PVWATTS/version1*) permite seleccionar el emplazamiento de la instalación entre una lista de 239 ciudades norteamericanas, o bien pinchando sobre unos mapas sensibles como el mostrado en la figura 2.6. La segunda permite una mayor precisión en la definición del emplazamiento, ya que se pueden seleccionar posiciones sobre una cuadrícula de 40 km de resolución (http://*rredc.nrel.gov/solar/codes_algs/PVWATTS/version2*).

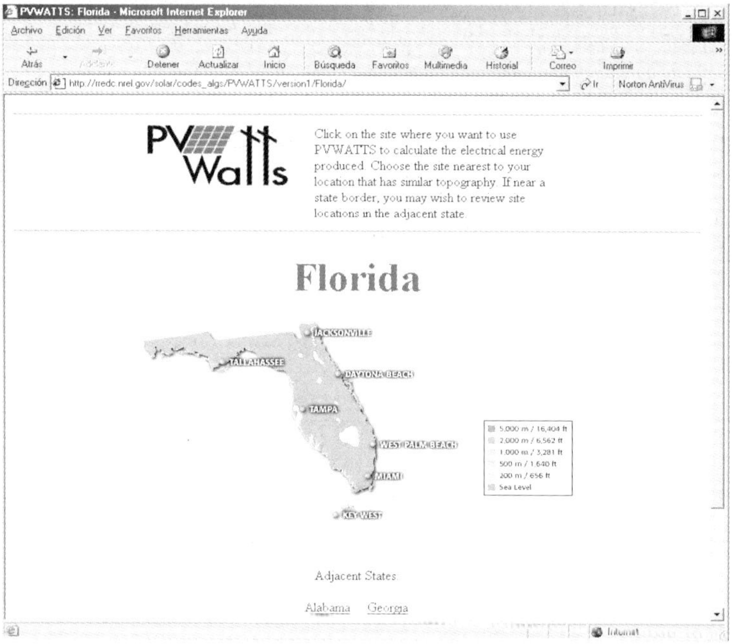

Fig. 2.6. Mapas activos para seleccionar emplazamientos en PVWATTS versión 1.

"***Ashling***" (*www.ici.ro/ici/*), fruto de la colaboración entre la "École des Mines de Paris" y el "National Microelectronics Research Centre" irlandés, es un programa que ofrece un entorno de análisis y optimización de sistemas fotovoltaicos bajo Windows® (fig. 2.7). Las principales aplicaciones de este programa son el diseño de nuevos sistemas fotovoltaicos, análisis de las prestaciones de sistemas ya instalados, diagnóstico de fallos, optimización de componentes mediante simulación iterativa, etc. Puede simular tanto sistemas fotovoltaicos conectados a la red eléctrica, como sistemas autónomos con baterías. Los valores de irradiación global, temperatura ambiente, etc., que necesita el programa, se pueden introducir directamente a partir de mediciones reales efectuadas por el usuario, extraer de ficheros de datos meteorológicos en formato estándar (TRY, TMY, CEC), o dejar que el propio programa los genere a partir de los valores (máximo, mínimo y medio) de irradiación global diaria almacenados en el Atlas de radiación solar europea que incorpora. Después de ejecutar la simulación, *Ashling* genera informes de datos en secuencia horaria sobre la potencia y tensión de los módulos fotovoltaicos, inversores, baterías, transferencias de potencia con la red, déficit o superávit energético, etc.

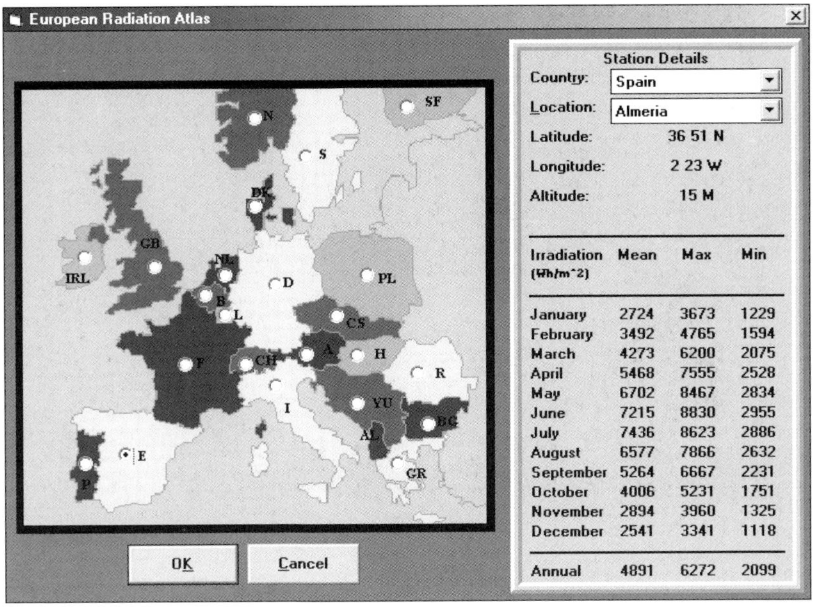

Fig. 2.7. Atlas de radiación solar europea incluido en el simulador Ashling 6.0.

"HERMINES PV" (*www.cenerg.cma.fr/fr/modelisation/sophia/hermines.html*) es una versión de *Ashling* desarrollada por el mismo equipo, pero orientada al trabajo de laboratorio y a la investigación, por lo que no tiene el carácter de herramienta divulgativa de *Ashling*.

"PVSOL" (*www.valentin.de*) es un programa para la planificación, análisis y simulación de sistemas fotovoltaicos, tanto conectados a la red eléctrica como autónomos. Los componentes que integran el sistema (módulos, inversores, perfiles de consumo, etc.) se pueden seleccionar de una base de datos incluida en el programa o pueden ser definidos por el usuario. Como datos de entrada, el simulador necesita conocer el tipo y área del «array» fotovoltaico, inversores, los perfiles de sombra generados por la línea del horizonte local o por otros objetos cercanos, los costes de la electricidad y los perfiles de consumo. Los resultados también ofrecen cálculos de tipo económico. Además de las versiones en alemán e inglés, también existe una versión en español (fig. 2.8). Ofrece interfaces directas para importar datos meteorológicos generados con el programa *Meteonorm*.

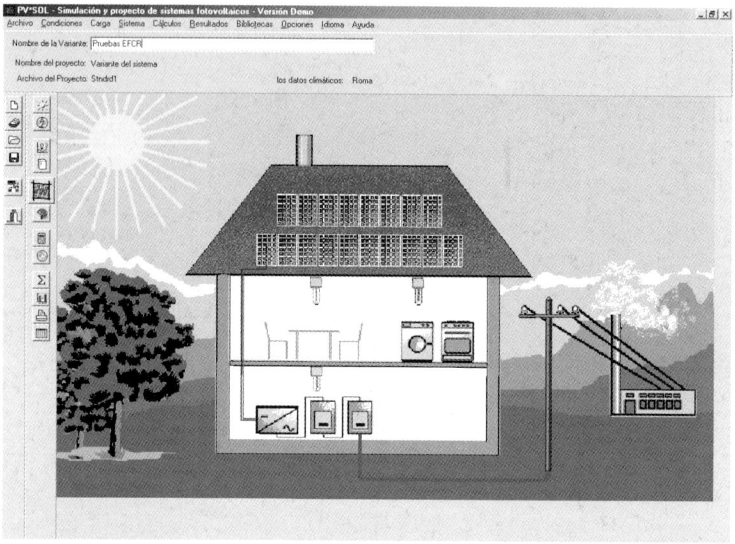

Fig. 2.8. Simulación de una instalación doméstica conectada a la red con el programa PVSOL versión 2.2.

"PV-DesignPro" (*www.mauisolarsoftware.com*) es un programa que forma parte de una suite de herramientas solares denominada "Solar Design Studio" que, junto con PVSYST, constituye una de las ofertas más potentes del mercado de la simulación fotovoltaica (fig. 2.9). La empresa "Maui Solar Energy Software Corporation" ha creado este simulador, que recoge en el módulo *IVTracer* los últimos modelos fotovoltaicos desarrollados por "Sandia National Laboratories". Simula sistemas fotovoltaicos autónomos con baterías, sistemas conectados a la red e instalaciones fotovoltaicas de bombeo directo, en intervalos horarios a lo largo de un año completo. El programa proporciona información detallada de la potencia generada por el sistema a lo largo de todo el año y los perfiles de carga previstos, estableciendo las necesidades de apoyo energético desde sistemas de almacenamiento como baterías, generadores diesel, etc. Las repercusiones financieras de instalar el sistema previsto también son analizadas por el programa. *PV-DesignPro* contiene una base de datos meteorológicos de Estados Unidos, incluyendo Alaska, Hawai, Guam y Puerto Rico, pero también dispone de un generador automático que obtiene datos meteorológicos horarios a partir de datos mensuales proporcionados por el usuario. Es posible simular seguimiento solar del plano de paneles y definir las sombras.

En España ete programa es distribuido por Censolar (*www.censolar.es*).

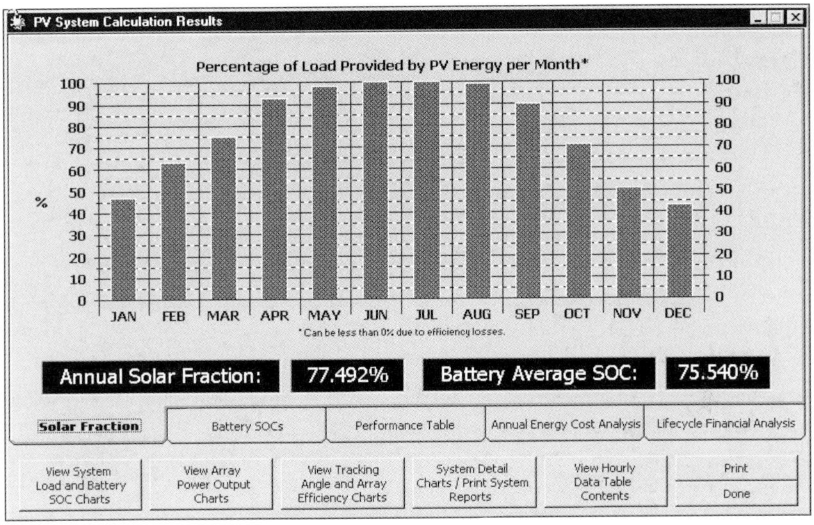

Fig. 2.9. Estudio de sistemas fotovoltaicos con baterías en el simulador PV-DesignPro.

"PVF-Chart" (*www.fchart.com*) es una herramienta para análisis y dimensionado rápido de sistemas fotovoltaicos autónomos o conectados a la red. Desarrollado en el "Solar Energy Laboratory" de la Universidad de Wisconsin, admite la definición de grupos de paneles fijos, con seguimiento en uno o dos ejes y concentradores ópticos. Incluye datos meteorológicos de unos 300 emplazamientos, que pueden ser ampliados por el usuario, y realiza un análisis económico de la instalación mostrando el "*cash-flow*" esperado durante la vida del proyecto.

"PVFORM" (*www.sandia.gov/pv/*) es un programa desarrollado en "Sandia National Laboratories" a finales de los años 80. Sirve para optimizar los aspectos económicos de un sistema fotovoltaico durante la fase de diseño, asumiendo unas condiciones de funcionamiento y un emplazamiento determinados. *PVFORM* utiliza una serie de valores, tomados por defecto o introducidos por el usuario, para describir el sistema y el entorno, desarrollando cálculos horarios para simular el comportamiento físico del sistema fotovoltaico durante un período típico de un año. El programa es aplicable a sistemas fotovoltaicos conectados a la red o autónomos con baterías.

"SolarSizer" facilita, mediante una interfaz gráfica muy sencilla, el cálculo de sistemas fotovoltaicos para aplicaciones de orientación doméstica. Incluye una serie de módulos estándar editables por el usuario para describir los consumidores, emplazamiento geográfico, baterías, tipo de inversor, regulador de carga, etc.

Admite la posibilidad de incluir un generador diesel auxiliar para cargar las baterías durante los períodos deficitarios de sol. El programa ayuda a elegir los componentes realizando cálculos energéticos y estimaciones de costes (fig. 2.10). *SolarSizer* se ha desarrollado con fondos del Departamento de Energía de Estados Unidos a través del CREST (*Center for Renewable Energy and Sustainable Technology*) y el "Solar Energy Research and Education Foundation". Dispone de un menú, denominado "*Solar Picker*", que contiene datos meteorológicos de 27 países, entre los que, lamentablemente, no se incluyen ni España ni Portugal. *SolarSizer* no pretende ser un potente simulador que permita realizar estudios de comportamiento horario, sino una herramienta de diseño orientada al dimensionado rápido de componentes y al análisis de costes. Ofrece una interfaz muy sencilla e intuitiva desarrollada con Macromedia®. Existen dos versiones gratuitas de demostración de este programa, una para Windows® y otra para Macintosh® (*www.solenergy.org/html/about/solarsizer.html*).

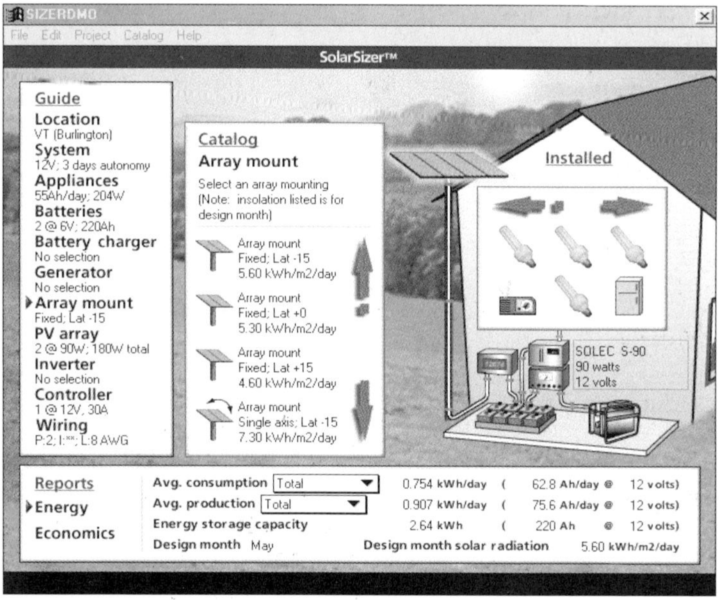

Fig. 2.10. Ventana principal de diseño fotovoltaico en el programa SolarSizer.

"PVPro" es un modelo de simulación para sistemas autónomos formados por paneles fotovoltaicos y baterías que sólo admite este tipo de configuración. El «array» fotovoltaico asume toda la responsabilidad de alimentar la instalación, ya que no se considera la posibilidad de utilizar una red de apoyo o generador auxiliar. Partiendo de datos sobre un año meteorológico típico en el emplazamiento elegido, perfiles horarios de carga y características de cada componente, *PVPro* realiza un análisis del sistema bajo un esquema horario, diario y/o semanal. No incluye rutinas de análisis económico. Fue desarrollado en 1988 por P. Geerdts y A. Eberhard en el "Energy Research Institute" de Suráfrica.

"Matel" (*www.kerychip.dk/eng.htm*) es un conjunto de pequeños programas, desarrollados en Dinamarca, que facilitan el dimensionado de instalaciones fotovoltaicas. Existen varias versiones de evaluación de estas herramientas, algunas están orientadas a sistemas fotovoltaicos conectados a la red (fig. 2.11) y otras a sistemas fotovoltaicos con baterías.

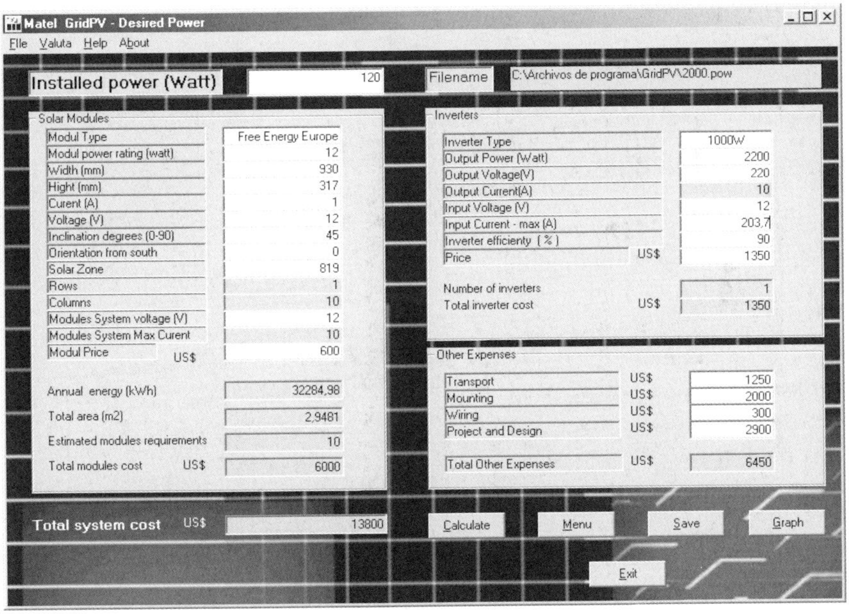

Fig. 2.11. Simulación de sistemas FV conectados a la red con el programa Matel 1.0.

"The World of Solar" (*www.simplersolar.com/*) es un programa para Windows® desarrollado por la empresa norteamericana "Simpler Solar Systems", que sirve de guía de diseño para implementar sistemas solares fotovoltaicos o pasivos. La información contenida en su base de datos se organiza en diagramas, hojas de especificaciones, gráficos, fotografías, elementos multimedia, etc. (fig. 2.12).

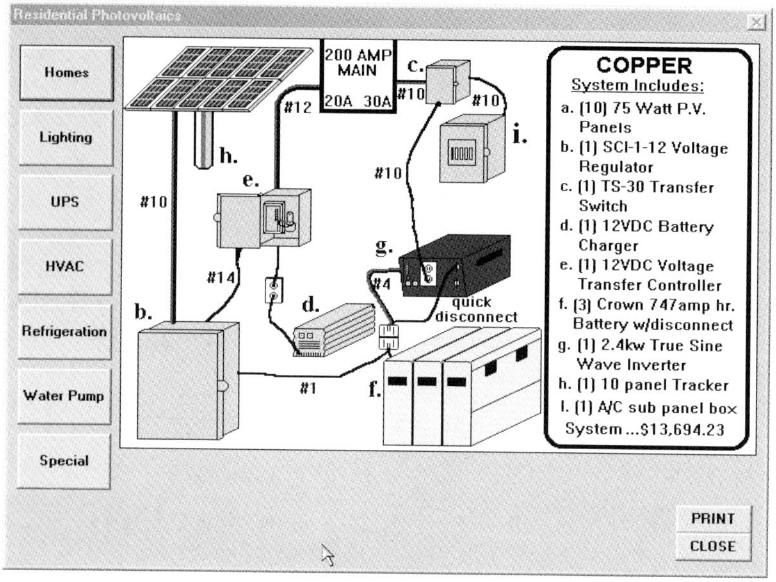

Fig. 2.12. Diagrama general de una instalación fotovoltaica doméstica en el programa "The World of Solar".

"PVCompare" (*www.fotovoltaica.com/pvcomp1d.zip*) es un programa "*shareware*" para MS-DOS® desarrollado en Estados Unidos. A partir de las curvas características *I-V* de los módulos fotovoltaicos que se vayan a emplear, *PVCompare* calcula, para unas condiciones de radiación y temperatura dadas, la potencia neta obtenible de la instalación. Realiza cálculos sobre las secciones de cableado mínimas admisibles y los costes por vatio derivados de emplear conductores de diferentes secciones, determinando la sección óptima. Simula el comportamiento de cualquier asociación serie-paralelo de módulos fotovoltaicos si se conoce la curva característica de un módulo individual.

"NSOL!" (*www.orionenergy.com/Nsol/nsolhome.html*) es un programa para Windows® que permite dimensionar sistemas fotovoltaicos autónomos con baterías, conectados a la red o sistemas dotados de generadores diesel de apoyo. Requiere datos sobre la situación, condiciones de insolación, baterías, módulos fotovoltaicos y perfiles de carga. Utiliza un algoritmo basado en Matrices de Transición de Markov para calcular la variabilidad de la insolación a partir de datos de radiación global horizontal del emplazamiento elegido. Ofrece las estimaciones de prestaciones globales del sistema, probabilidades de pérdidas de carga, disponibilidad del sistema, etc. Permite imprimir informes simplificados o detallados (hasta 6 páginas) con los resultados previstos. Este programa está orientado al personal de ventas que trata directamente con el cliente, ya que permite ofrecer una estimación muy rápida de la instalación más adecuada y su coste orientativo. Incluye la base de datos de radiación en EE.UU. del "*National Renewable Energy Laboratory*" (239 emplazamientos) y la base de datos internacional de la Universidad de Lowell (2200 lugares), pero el usuario puede añadir nuevas ubicaciones a la base de datos original.

"Watsun-PV" (*www.uwaterloo.ca/*) es un programa de simulación de sistemas fotovoltaicos desarrollado en el "Watsun Simulation Laboratory" de la Universidad de Waterloo (Canadá). Forma parte de un conjunto de tres programas dedicados a sistemas solares creados en esta universidad:

"Watsun": Programa de simulación de sistemas solares térmicos.

"Watsun-PV": Simulación de sistemas fotovoltaicos.

"Watgen": Programa generador de datos de irradiación solar horaria.

Las simulaciones con "*Watsun-PV*" se realizan bajo un esquema horario. El programa admite como datos de entrada valores experimentales de condiciones meteorológicas y cargas en el emplazamiento elegido. A partir de estos datos, *Watsun-PV* simula las interacciones entre los diversos componentes del sistema, computando indicadores de comportamiento a largo plazo, como son la disponibilidad de recursos solares, la energía recibida, almacenada, distribuida, etc. Permite trabajar sobre modelos de sistemas fotovoltaicos autónomos con baterías, dotados o no de generador diesel auxiliar, sistemas conectados a la red eléctrica y estaciones de bombeo fotovoltaico.

"SOLARCAD" (*www.mecanica.ufrgs.br/solar/#softwares*) es un paquete de programas de orientación didáctica dedicados a la simulación de sistemas para aprovechamiento de energía solar. Dispone de un módulo para estimar la radiación solar (fig. 2.13) que contiene datos de más de 2000 estaciones meteorológicas en todo el mundo, y permite sintetizar datos secuenciales de radiación en intervalos de 5 minutos. Otro módulo está dedicado al análisis de la curva de distribución espectral de la radiación solar, para realizar estudios de los efectos espectrales sobre los componentes de sistemas solares. Está siendo desarrollado en el laboratorio de Energía Solar de la Universidad Federal de Río Grande del Sur (Brasil).

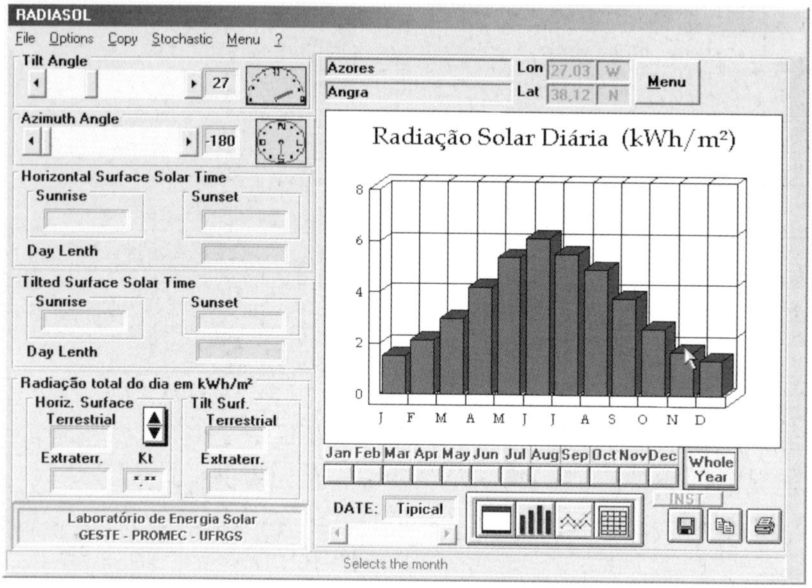

Fig. 2.13. Módulo de radiación solar (RADIASOL) del programa SOLARCAD.

"***FRONIUS IG Configurator***" es una herramienta gratuita, desarrollada por el fabricante de inversores Fronius (*www.fronius.at*), para facilitar el dimensionado de sistemas fotovoltaicos conectados a la red. Este programa se ejecuta en forma de macros para Microsoft Excel-97® (o posterior). El idioma original de la interfaz de usuario es el alemán, pero ofrece características multilingües, incluyendo el español. Contiene una base de datos de paneles e inversores (aunque sólo incluye los modelos de inversores comercializados por este fabricante). Una vez seleccionadas las características de la instalación, el programa realiza un chequeo rápido de las condiciones de operación del inversor o inversores seleccionados, mostrando mensajes de aviso cuando las tensiones de operación sean inferiores o superiores a unos rangos dados. El programa también realiza estimaciones de las pérdidas de potencia en el cableado de la instalación.

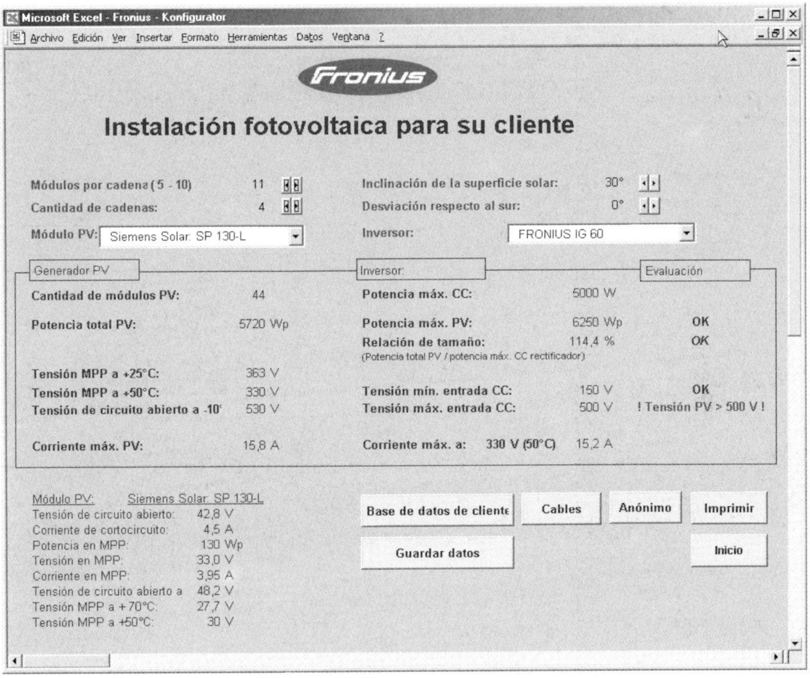

Fig. 2.14. Dimensionado rápido de instalaciones fotovoltaicas conectadas a la red con el programa Fronius IG Configurator.

"SITOP Solar Select"(*www.siemens.de/sitop/solar*) es un programa gratuito, desarrollado por la empresa Siemens, para facilitar el dimensionado rápido de sistemas fotovoltaicos que incorporen inversores de este fabricante. Al igual que el programa anterior, está desarrollado en formato de hoja de cálculo Excel®. Para un emplazamiento y configuración determinados por el usuario, este programa estima el comportamiento previsto del sistema al instalar diversos modelos de inversores comercializados por este fabricante, de forma que resulte sencillo elegir la combinación más favorable para cada caso particular (fig. 2.15).

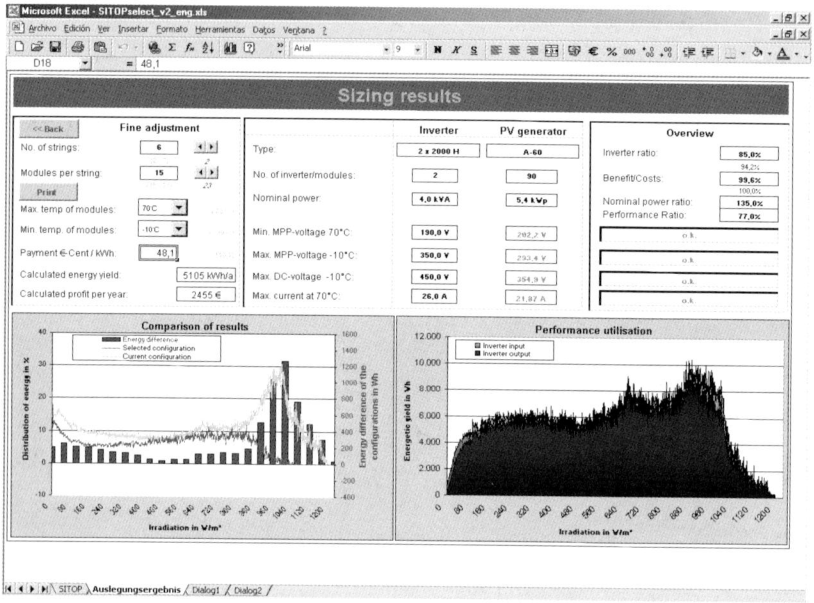

Fig. 2.15. Dimensionado rápido de instalaciones fotovoltaicas con el programa SITOP Solar Select.

Las siguientes herramientas alemanas, desarrolladas en formato *applet* Java y que se pueden ejecutar directamente desde un navegador web, permiten calcular la posición del Sol, generar series horarias de datos meteorológicos, dibujar las curvas características de células solares, obtener la eficiencia de colectores solares térmicos, estimar el efecto de la temperatura sobre las células solares o calcular las prestaciones de sistemas fotovoltaicos conectados a la red eléctrica:

"***ILSE***" (*Interactive Learning System for renewable Energy*) (http://*emsolar.ee.tu-berlin.de/~ilse/tools/index_e.html*)

"***WetSyn***" (*Wheather Synthesis*) (*www-lse.e-technik.fh-muenchen.de/portal*)

"***AEETES***" (*www-lse.e-technik.fh-muenchen.de/aeetes*)

"***SolarComputer***" (*www.solarrechner.de*) es otra herramienta para ejecución en línea basada en datos obtenidos de la iniciativa alemana para la construcción de 100 000 tejados solares. La información que ofrece es básicamente económica, y relativa a los planes de financiación, ayudas y subvenciones ofrecidas por el gobierno alemán para este tipo de instalaciones.

"PV-plan" (*www.solarenergie.com/pv-plan.htm*) es una herramienta básica, ejecutable desde un navegador web, que está dedicada a estimar el coste y la potencia fotovoltaica necesaria para cubrir un determinado porcentaje del consumo doméstico mediante una instalación solar. Otro programa similar denominado ***"Solarassistent"*** (*www.strom-guenstiger.de/index.php3?inhalt=trsolar*) también permite obtener estimaciones rápidas de costes y potencia fotovoltaica requerida para cubrir un cierto porcentaje del consumo de una vivienda (fig. 2.16). Los datos meteorológicos que incluye este simulador corresponden a la zona norte de Alemania y no pueden ser editados.

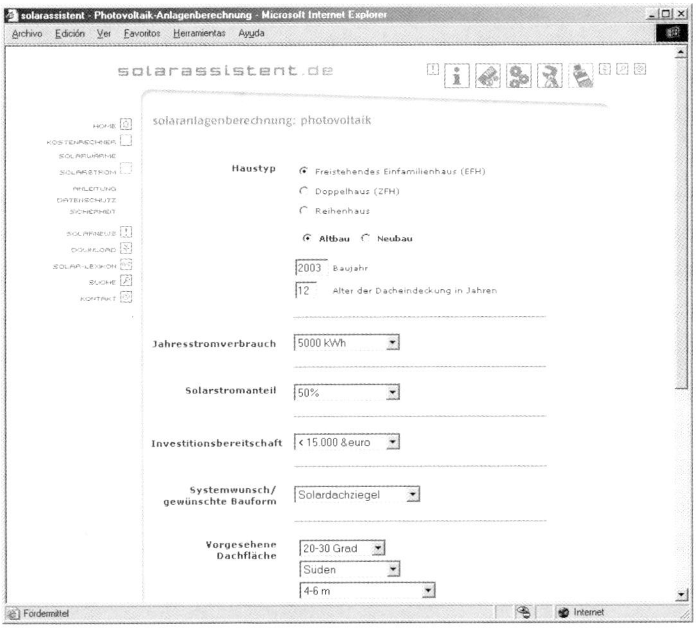

Fig. 2.16. Estimaciones de coste y potencia fotovoltaica con el programa Solarassistent.

"SolarCalc" (*www.solarcalc.de*) es un programa alemán que también se ejecuta directamente desde un navegador conectado a la red Internet. Es una herramienta de diseño rápido de sistemas fotovoltaicos conectados a la red eléctrica. Ofrece una interfaz muy sencilla donde se pueden ir seleccionando los distintos parámetros que definen la instalación fotovoltaica, su situación y las condiciones de funcionamiento. Incluye bases de datos de emplazamientos (sólo de Alemania), paneles fotovoltaicos e inversores comerciales. El programa ofrece tablas y diagramas (fig. 2.17) con los resultados energéticos y económicos obtenidos durante la simulación (radiación solar, producción energética mensual prevista, reducción de emisiones contaminantes, coste de la instalación, diagramas de amortización, etc.).

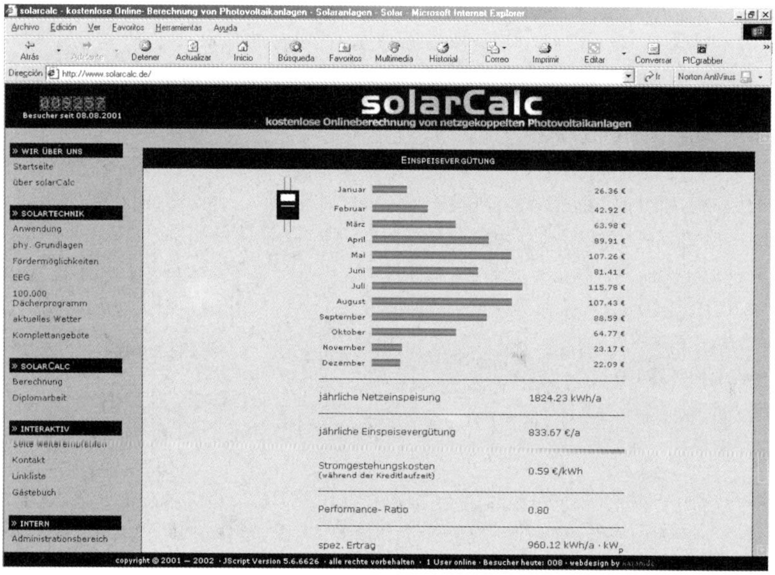

Fig. 2.17. Simulación de sistemas conectados a la red con el programa SolarCalc.

"INTERCALENSOF v1.0" es un simulador de sistemas fotovoltaicos conectados a la red que se ha desarrollado en el Departamento de Electrónica de la Escuela Politécnica Superior de Jaén. El haber sido programado en formato "applet-Java" hace que sea posible ejecutarlo directamente en la dirección http://*solar.ujaen.es/inter/Intercalensof.html*. Incluye un listado de ciudades españolas con datos meteorológicos predefinidos, aunque es posible definir nuevos emplazamientos introduciendo la latitud, longitud, irradiación media mensual sobre superficie horizontal y las temperaturas extremas mensuales del lugar. También contiene datos técnicos de varios módulos fotovoltaicos comerciales y permite definir nuevos módulos mediante su número de células en serie y paralelo, corriente de cortocircuito, tensión de circuito abierto y factor de forma de las células. Ofrece como resultados tablas de valores numéricos y curvas de irradiancia, temperatura ambiente y de las células, corriente y tensión en el punto de máxima potencia, potencia DC y AC o eficiencia en cualquier mes del año.

2.5.3 Simulación de centrales solares fotovoltaicas

Las grandes plantas fotovoltaicas conectadas a la red eléctrica pueden afectar al funcionamiento de la propia red, por lo que también se han desarrollado modelos de simulación para evaluar estos fenómenos. Algunos estudios consideran que un modelo cuasi-estacionario de la central fotovoltaica podría ser suficientemente preciso, ya que el ancho de banda de los sistemas electrónicos de potencia que conectan estas centrales a la red suele ser muy superior al ancho de banda en que se encuentra la dinámica normalmente estudiada de las redes eléctricas.

Dentro de un proyecto de investigación financiado por el gobierno de Renania del Norte-Westfalia (Alemania), en la Universidad de Duisburgo se ha desarrollado un programa de simulación que refleja el comportamiento de una planta fotovoltaica (*www.uni-duisburg.de/FB9/EAUN/forschung_e.html#SOLAR*). Después de comparar el modelo con los resultados experimentales medidos sobre una planta en funcionamiento, los esfuerzos de desarrollo se encaminan a construir una herramienta adaptable para planificar y optimizar otras plantas solares fotovoltaicas, desarrollando un sistema experto para optimizar las estrategias de control de potencia de este tipo de plantas.

2.5.4 Simuladores de estaciones de bombeo fotovoltaico

"DASTPVPS" (*www.ibom.de/f_energie.htm*) es una herramienta de diseño y simulación de sistemas fotovoltaicos de bombeo (fig. 2.18). *DASTPVPS* (*Design And Simulation Tool for Photovoltaic Pumping Systems*) incluye un módulo de diseño y otro de simulación encargados de gestionar los parámetros de una instalación de bombeo estándar formada por un generador fotovoltaico, inversores, motor asíncrono, bomba centrífuga, pozo y sistemas de tuberías. A partir de datos de radiación solar y características del pozo, el módulo de diseño del programa ayuda a definir la estación, haciendo sugerencias sobre el dimensionado de la bomba, motor, inversor y generador fotovoltaico para optimizar la instalación. El módulo de simulación calcula los parámetros de funcionamiento para varias configuraciones bajo diversas condiciones de irradiancia, mostrando el punto de funcionamiento óptimo y los motivos de posibles pérdidas de eficiencia. Combina modelos matemáticos de comportamiento con métodos gráficos de análisis de datos. Los parámetros de entrada se pueden seleccionar entre valores proporcionados por fabricantes, o introducirlos directamente a partir de las mediciones realizadas por el usuario. *DASTPVPS* recibió en 1993 el premio «*German-Austrian University Software Prize*».

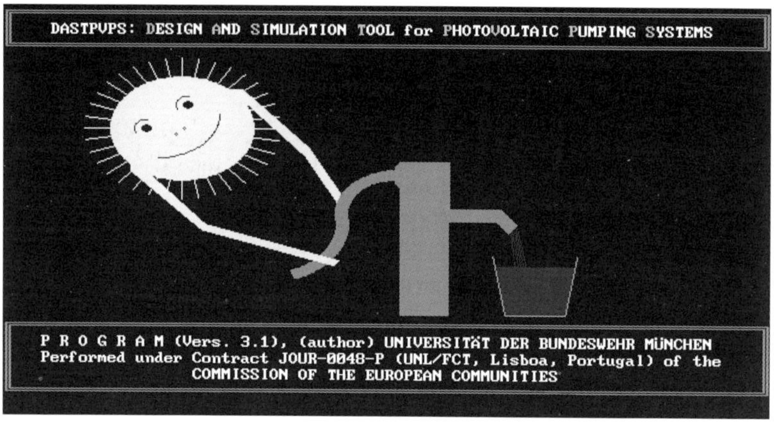

Fig. 2.18. Simulación de sistemas de bombeo fotovoltaico con el programa DASTPVPS.

2.6 Simuladores de sistemas híbridos

Se presentan en este nuevo apartado varias herramientas que, aunque permiten simular sistemas fotovoltaicos, están orientadas al estudio de sistemas híbridos formados al combinar fuentes de energía renovable, como la eólica o la solar, con otras instalaciones de apoyo convencionales (grupos electrógenos diesel, centrales hidráulicas, nucleares, etc.).

"***Greenius***" (*www.greenius.net/de/start.html*) es una herramienta de simulación que ofrece detalles técnicos y económicos de tecnologías renovables, como la eólica, solar térmica y fotovoltaica (fig. 2.19). Requiere como datos de entrada la localización geográfica de la instalación, condiciones meteorológicas, curvas de carga, tipo y tamaño de las tecnologías renovables utilizadas, horarios de utilización y costes. Ofrece como resultados el comportamiento durante un año típico y el «cash-flow» previsto. Permite importar ficheros de datos meteorológicos en formato *TMY*. Además de una versión de demostración, existen tres versiones diferentes de este programa (estándar, académica y para expertos).

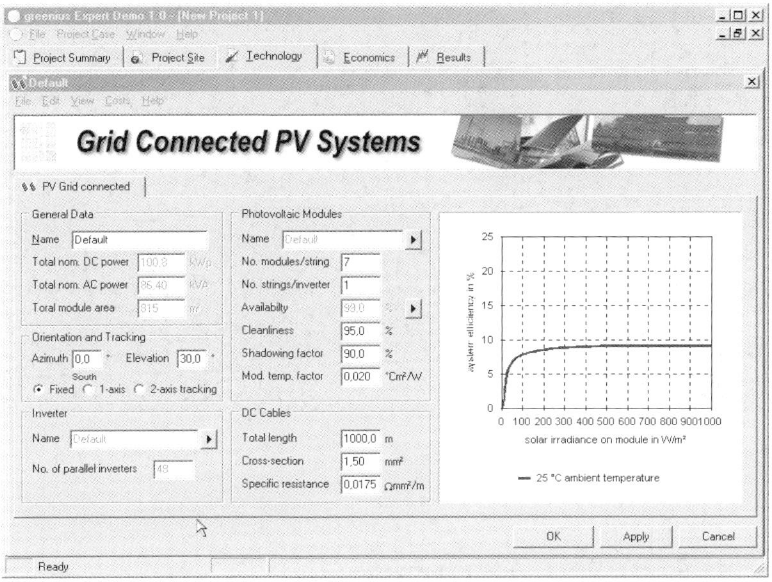

Fig. 2.19. Módulo de simulación fotovoltaica del programa GREENIUS 1.0.

En el Departamento de Física de la Universidad de Oldenburgo (Alemania) se han desarrollado varios modelos para simular y analizar sistemas energéticos renovables (http://*ehf.uni-oldenburg.de/index.html)*. Dentro del apartado de energía solar fotovoltaica, estos modelos se han integrado en el programa ***"INSEL"*** (*www.sunnysolar.de*), dedicado a analizar y optimizar este tipo de sistemas mediante simulación. Las líneas de investigación activas en este Departamento se dedican al desarrollo de sistemas expertos para el diseño óptimo de sistemas energéticos renovables, modelado del comportamiento de sistemas híbridos autónomos en diversas regiones climáticas, modelos dinámicos y optimización de instalaciones de bombeo fotovoltaico bajo irradiancia no uniforme, integración de sistemas fotovoltaicos en edificios, etc.

"SP^3SP" (*Solar Photovoltaic Power Plant Simulation Program*) es un programa desarrollado en el Departamento de Ingeniería Eléctrica, Electrónica y Control de la Escuela Técnica Superior de Ingenieros Industriales de la UNED (Madrid). Está orientado a la simulación de plantas generadoras fotovoltaicas de estructura multicampo y al análisis del acoplamiento de fuentes de energía renovable en redes de generación que incluyan centrales convencionales formando sistemas híbridos (fig. 2.20). Para elaborar *SP^3SP*, se ha contado con la colaboración del Instituto Federal Suizo de Tecnología de Laussane (EPFL) y el Instituto de Energía Solar de la Universidad Politécnica de Madrid (IES). Se han utilizado datos de radiación solar y velocidad del viento ofrecidos por Endesa y Unión Fenosa, a partir de mediciones realizadas en la planta solar fotovoltaica Toledo PV y el parque eólico de Capelada en Coruña.

Fig. 2.20. Simulación de plantas renovables multicampo con SP^{3}SP.

"HOMER" (*Hybrid Optimization Model for Electric Renewables*) es un programa estadounidense (http://*analysis.nrel.gov/homer*), desarrollado por el "National Renewable Energy Laboratory", que analiza sistemas híbridos que combinen baterías, generadores diesel, paneles fotovoltaicos y/o generadores eólicos. *HOMER* es un modelo de optimización de diseños que determina la configuración óptima y las estrategias de gestión de cargas que minimizan los costes de explotación de cada instalación particular (considerando su emplazamiento). *HOMER* intenta rellenar el hueco dejado entre los modelos basados en hojas de cálculo, muy utilizadas en análisis financiero, y los modelos de simulación dinámica, que requieren gran dedicación para ajustarlos con suficiente detalle. Proporciona al usuario una visión rápida de cómo influyen sobre el sistema en fase de diseño las modificaciones en sus parámetros, costes de los componentes, estrategias de gestión y reparto de cargas, perfiles de disponibilidad de recursos, etc. (fig. 2.21).

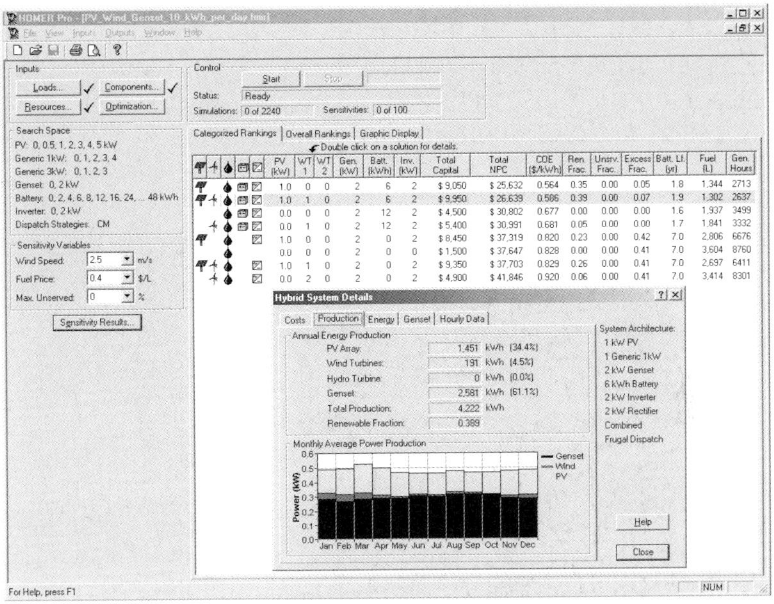

Fig. 2.21. Análisis de proyectos energéticos híbridos con el programa HOMER-Pro v.1.58.

"Hybrid2" (*www.ecs.umass.edu/mie/labs/rerl/hy2/intro.htm*) es un programa desarrollado por el "National Renewable Energy Laboratory" y la Universidad de Massachussets, con financiación del Departamento de Energía de Estados Unidos. Permite realizar simulaciones económicas y de comportamiento energético a largo plazo en sistemas de potencia híbridos formados por generadores eólicos, grupos diesel, «arrays» fotovoltaicos, baterías y diversos convertidores de potencia como rectificadores o inversores (fig. 2.22). Contiene una librería de generadores eólicos, módulos fotovoltaicos, baterías, etc., disponibles en el mercado, aunque es posible definir modelos propios antes de la simulación. Es una herramienta para evaluar el potencial económico de nuevas instalaciones, por lo que, además de los aspectos técnicos, considera varios parámetros de simulación económica como tasas, precios de las distintas fuentes de energía, impuestos o tipos de interés.

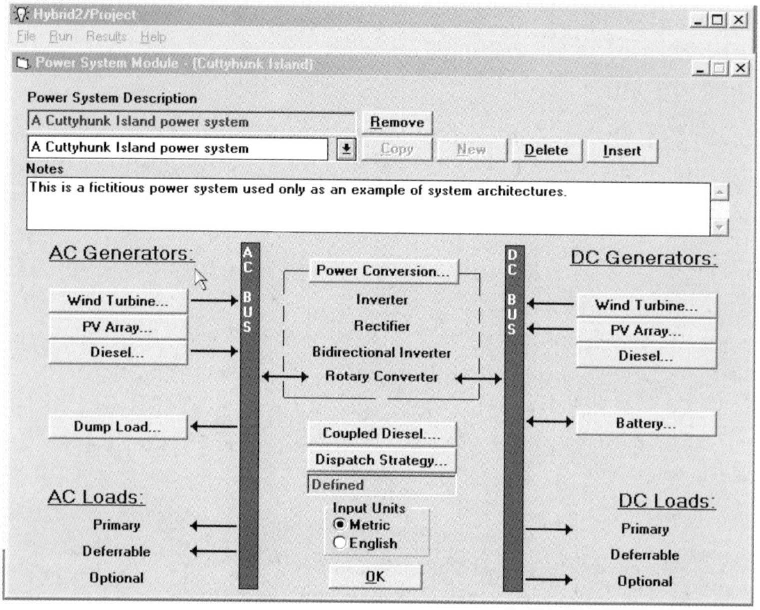

Fig. 2.22. Definición del sistema de potencia a simular con Hybrid2.

"SOMES" (*A Simulation and Optimization Model for Renewable Energy Systems*) es un programa holandés diseñado para modelar pequeñas instalaciones formadas por baterías, paneles fotovoltaicos, generadores eólicos, motores diesel y convertidores de potencia. Recoge el trabajo realizado desde 1986 en el Departamento de Ciencia y Tecnología de la Universidad de Utrecht dentro del campo de la simulación de sistemas energéticos renovables híbridos. *SOMES* (*www.chem.uu.nl/nws/www/research/e&e/somes/somesinf.htm*) ofrece resultados sobre flujos de energía acumulados, duración de los períodos energéticamente deficientes, prestaciones técnicas y económicas de cada componente y evaluación económica del sistema completo.

"RAPSIM" (*Remote Area Power Supply Simulator*) es un programa australiano desarrollado en el "Energy Research Institute" de la Universidad de Murdoch (*www.science.murdoch.edu.au/centres/mueri/index.html*). Simula el comportamiento de diferentes configuraciones para suministrar energía eléctrica a lugares aislados por medio de energía eólica, solar fotovoltaica, generadores diesel o combinaciones de estas tres. Analiza los perfiles de carga previstos y las condiciones meteorológicas del emplazamiento (disponibilidad de viento y sol), buscando las mejores correlaciones con las fuentes de energía consideradas. El objetivo final de esta herramienta es facilitar la elección de soluciones óptimas desde un punto de vista tanto técnico como económico, analizando el comportamiento previsto a largo plazo.

"TRNSYS" (http://*sel.me.wisc.edu/trnsys*) es un entorno de simulación diseñado originalmente para el estudio de sistemas solares térmicos al que se le han ido añadiendo extensiones para aplicaciones fotovoltaicas y eólicas. Existen varias librerías para este programa que describen componentes utilizados en sistemas específicos como *STEC* (*Solar Thermal Electric Components*) o *Hydrogems* (*Hydrogen Energy Models*). Estas librerías describen pilas de fuel, baterías, módulos fotovoltaicos, etc. Otras extensiones como *UW-HYBRID* permiten obtener los flujos de energía en plantas híbridas solares/diesel/eólicas. *TRNSYS* reconoce un lenguaje de descripción de sistemas desarrollado en la Universidad de Wisconsin que permite a los usuarios definir los componentes del sistema y cómo están interconectados (fig. 2.23).

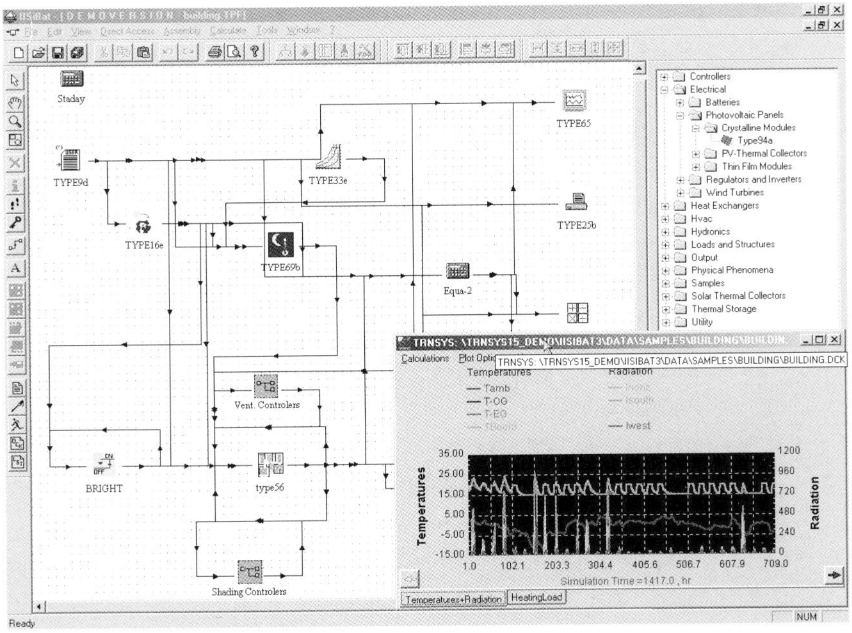

Fig. 2.23. Descripción de sistemas y resultados gráficos de simulación en TRNSYS v15.

"GOMBIS" (*www.gombis.de*) es un simulador alemán que permite trabajar con sistemas híbridos formados por plantas de potencia convencionales, instalaciones solares térmicas, sistemas fotovoltaicos, etc. Incluye datos meteorológicos de Berlín, pero permite importar ficheros ASCII con otros datos meteorológicos de que disponga el usuario. Contiene rutinas de análisis económico y estimaciones de emisiones de gases contaminantes como SO_2, NO_x, CO y CO_2. Este programa se completa con dos módulos adicionales, denominados *PRAXOSOL* y *PRAXOGES*, que permiten simular plantas solares térmicas, analizar las transferencias de calor en edificios, estudiar el uso de energía solar pasiva, ventilación, etc.

"Solsim" (http//*ewis.fh-konstanz.de*) es una herramienta de simulación, desarrollada en la Universidad de Constanza (Alemania), para analizar y optimizar sistemas híbridos autónomos o conectados a la red eléctrica. El programa está formado por varios módulos, dedicados al análisis de fuentes de energía (solar, eólica, biomasa o generadores diesel), que ofrecen una visión del comportamiento energético, técnico y económico del sistema. Es un programa para MS-DOS® donde los resultados de simulación se pueden exportar en ficheros de formato texto, y consultar en diagramas de barras como el mostrado en la figura 2.24.

Fig. 2.24. Diagramas de resultados de simulación en el programa Solsim v1.0.

2.7 Herramientas de análisis económico

Muchos de los programas presentados en este capítulo disponen de rutinas de análisis económico, para evaluar las repercusiones económicas de inversiones tendentes a la conservación energética, costes asociados a los consumos estimados por el simulador, etc. Sin embargo, existe un grupo de herramientas diseñadas específicamente para desarrollar estudios económicos más completos, por lo que ofrecen mayores prestaciones a la hora de evaluar proyectos de aplicación de energías renovables. Sin entrar en una descripción detallada de este tipo de herramientas, se presentarán a continuación algunos programas orientados a edificios que pueden ser representativos de sus posibilidades.

"***BLCC***" (*Building Life-Cycle Cost*) es el módulo principal de un conjunto de cinco programas realizados por el NIST (*National Institute of Standards and Technology*) para facilitar el análisis de inversiones de capital en edificios (*www.nist.gov/public_affairs/software.htm*). *BLCC* es una herramienta de análisis eminentemente económico que se suele utilizar para evaluar diseños alternativos que suponen una inversión inicial mayor, pero menores gastos de explotación durante la vida útil del proyecto. Aunque está orientado a la toma de decisiones durante la fase de diseño de edificios, se puede aplicar a cualquier proyecto que considere fuertes inversiones iniciales con la idea de reducir los costes de explotación futura, algo común a los sistemas fotovoltaicos. El usuario debe identificar los posibles diseños alternativos, indicando datos sobre los costes previstos, utilización de energía, agua, etc., en cada caso. Se necesitan, además, datos del entorno económico en el que se van a evaluar las posibles alternativas. *BLCC* realiza cálculos de costes, presenta informes anuales de «cash-flow», efectúa análisis económicos comparativos, etc.

"***ERATES***" (*Electricity Rates*) calcula los costes de electricidad mensuales o anuales en instalaciones, bajo una amplia variedad de tarifas y tasas de utilización (*www.eere.energy.gov/femp/techassist/softwaretools/softwaretools.html*). Una de sus aplicaciones típicas es la evaluación de ahorros económicos derivados de aplicar medidas de ahorro energético, desplazamiento de consumos a horarios de tarifa reducida, instalación de sistemas energéticos alternativos, etc. (fig. 2.25). Las planificaciones de consumos generadas con *ERATES* se pueden importar desde el programa *BLCC* descrito anteriormente.

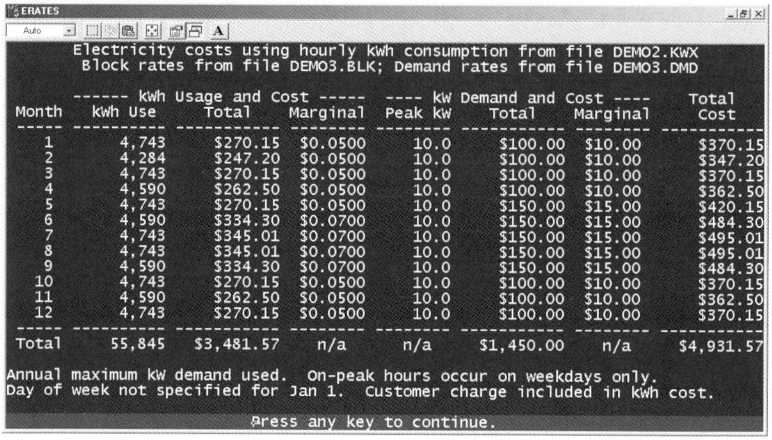

ERATES

Electricity costs using hourly kWh consumption from file DEMO2.KWX
Block rates from file DEMO3.BLK; Demand rates from file DEMO3.DMD

Month	------ kWh Usage and Cost -----			---- kW Demand and Cost ----			Total
	kWh Use	Total	Marginal	Peak kW	Total	Marginal	Cost
1	4,743	$270.15	$0.0500	10.0	$100.00	$10.00	$370.15
2	4,284	$247.20	$0.0500	10.0	$100.00	$10.00	$347.20
3	4,743	$270.15	$0.0500	10.0	$100.00	$10.00	$370.15
4	4,590	$262.50	$0.0500	10.0	$100.00	$10.00	$362.50
5	4,743	$270.15	$0.0500	10.0	$150.00	$15.00	$420.15
6	4,590	$334.30	$0.0700	10.0	$150.00	$15.00	$484.30
7	4,743	$345.01	$0.0700	10.0	$150.00	$15.00	$495.01
8	4,743	$345.01	$0.0700	10.0	$150.00	$15.00	$495.01
9	4,590	$334.30	$0.0700	10.0	$150.00	$15.00	$484.30
10	4,743	$270.15	$0.0500	10.0	$100.00	$10.00	$370.15
11	4,590	$262.50	$0.0500	10.0	$100.00	$10.00	$362.50
12	4,743	$270.15	$0.0500	10.0	$100.00	$10.00	$370.15
Total	55,845	$3,481.57	n/a	n/a	$1,450.00	n/a	$4,931.57

Annual maximum kW demand used. On-peak hours occur on weekdays only.
Day of week not specified for Jan 1. Customer charge included in kWh cost.

Press any key to continue.

Fig. 2.25. Tablas de resultados (consumos y costes) del programa ERATES v1.11.

"***EMISS***" (fig. 2.26) es un programa que genera ficheros de datos sobre emisiones de CO_2, SO_2 y NO_x en función de los niveles de utilización de energía en el edificio. Los ficheros resultantes se pueden también importar desde el programa *BLCC*. *EMISS* considera los niveles de emisión en función de la utilización de electricidad, gas natural, carbón, fuel, gases licuados derivados del petróleo, etc.

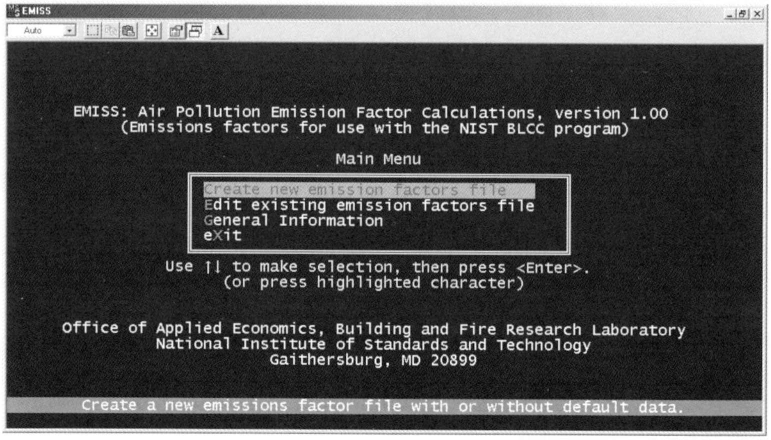

Fig. 2.26. Generación de factores de emisión para BLCC con el programa EMISS v1.0.

"Clean Power Estimator" (fig. 2.27) es una herramienta desarrollada por la empresa British Petroleum para ofrecer una evaluación económica rápida de la compra e instalación de módulos fotovoltaicos. Existen varias versiones de este mismo programa orientadas a los entornos domésticos o comerciales, y particularizadas para los mercados de Estados Unidos, Australia, Alemania, Italia y Japón. Todas ellas se pueden ejecutar desde un navegador web en la red Internet, en la dirección *www.bpsolar.com/calculator*. Después de elegir el emplazamiento, las tarifas locales de la electricidad y las características de la instalación, el programa ofrece el coste neto de la inversión inicial, producción diaria y mensual, ahorros previstos en las facturas eléctricas, reducción de gases contaminantes, etc.

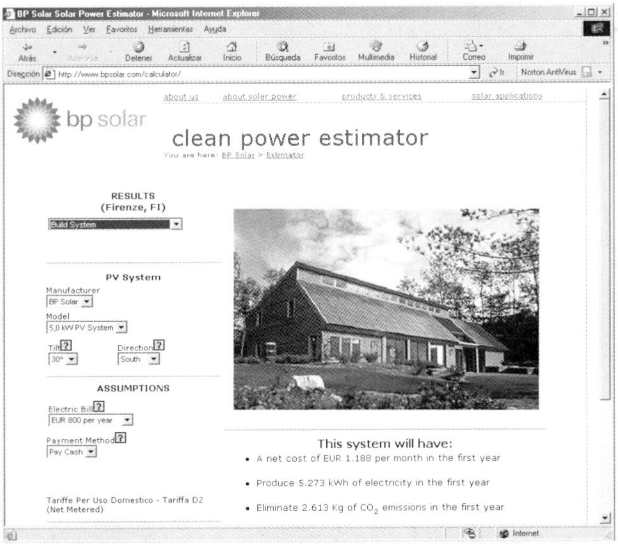

Fig. 2.27. Análisis económico de una instalación fotovoltaica residencial con el programa Clean Power Estimator.

"RetScreen" (fig. 2.28) es un paquete software para analizar proyectos de energía renovable que permite identificar las oportunidades más viables desde un punto de vista energético y económico. Está basado en hojas de cálculo Excel®, e incluye información sobre costes, productos comerciales y condiciones meteorológicas. Existen varios módulos independientes que conforman el programa (energía eólica, mini-hidráulica, fotovoltaica, biomasa, solar térmica, calefacción solar pasiva y bombas de calor). Todos estos módulos se pueden descargar gratuitamente en http://*retscreen.gc.ca*.

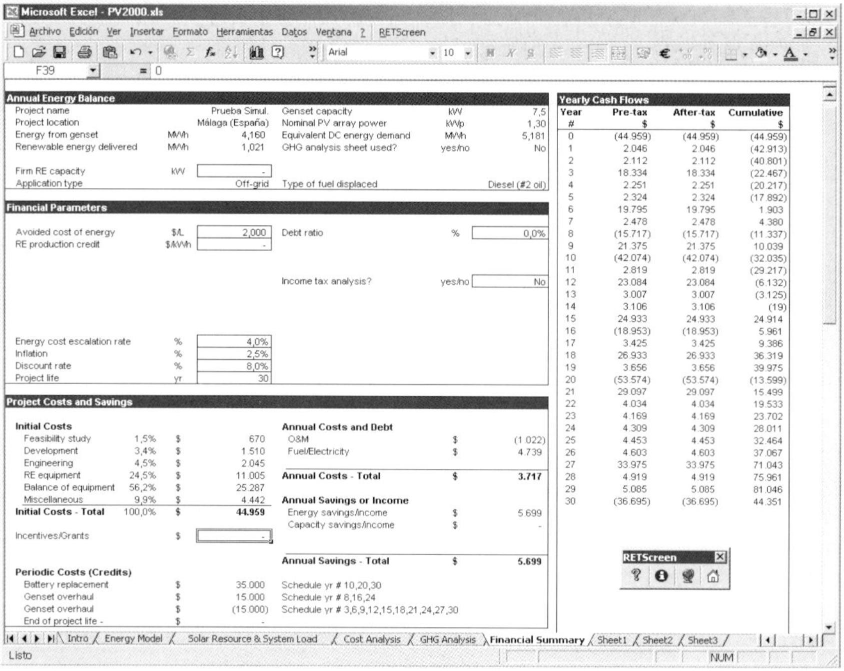

Fig. 2.28. Módulo de análisis de proyectos fotovoltaicos con el programa RetScreen 2000.

El programa "***FRESA***" (fig. 2.29) es una herramienta de evaluación rápida de las posibilidades de aplicación de sistemas basados en energías renovables a la construcción de edificios. *FRESA* (*Federal Renewable Energy Screening Assistant*) procesa datos relativos a la instalación, indicando las diferentes oportunidades de aplicación de energías renovables a cada caso particular. Su principal objetivo es orientar al diseñador sobre aquellos aspectos de su proyecto susceptibles de mejora, tanto desde un punto de vista económico como de eficiencia energética. Contiene una base de datos sobre condiciones meteorológicas y parámetros relativos al coste de las distintas tecnologías. Considera aspectos como las posibilidades de iluminación natural, refrigeración y ventilación solar activa, alternativas de orientación de ventanas, empleo de energía eólica e hidráulica, bombas de calor, calefacción solar de edificios y piscinas, aplicaciones fotovoltaicas y conversión de residuos en biomasa. Curiosamente, existe una pequeña discrepancia sobre la denominación de esta herramienta, ya que en algunos documentos aparece bajo el nombre de *FREScA*. Este programa se puede obtener gratuitamente en *www.eere.energy.gov/femp/techassist/softwaretools/fresa.exe*.

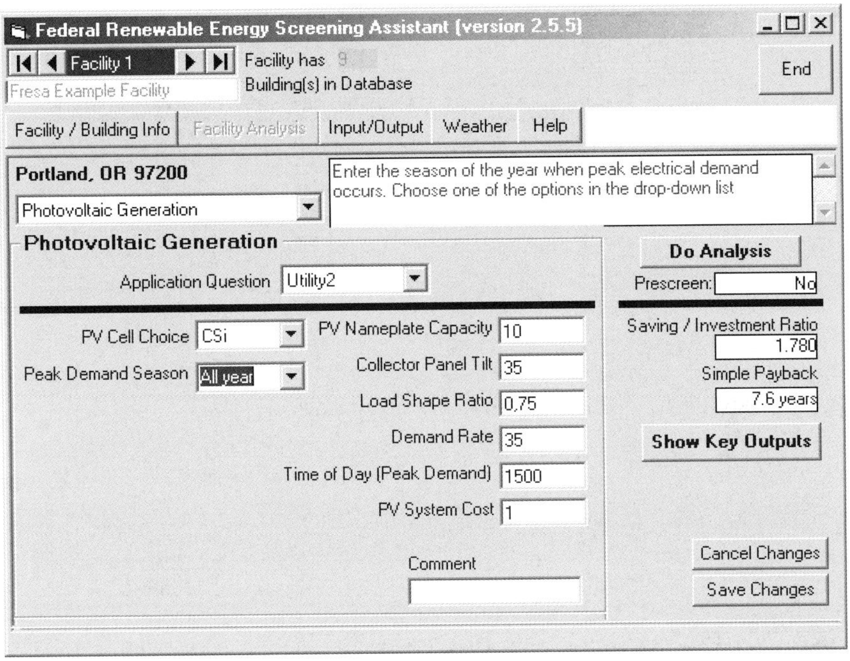

Fig. 2.29. Evaluación de tecnologías renovables aplicables a edificios con el programa FRESA v2.25.

"***SOLINVEST***" (*www.luxea.de/produkte/solinvest*) es una herramienta especialmente orientada a simulaciones en países centroeuropeos como Alemania, Austria, Suiza, Luxemburgo, Holanda o Bélgica, y que facilita la toma de decisiones sobre planificación económica de instalaciones fotovoltaicas (fig. 2.30). Ofrece también la posibilidad de analizar las reducciones de emisiones de CO_2 derivadas de utilizar la instalación.

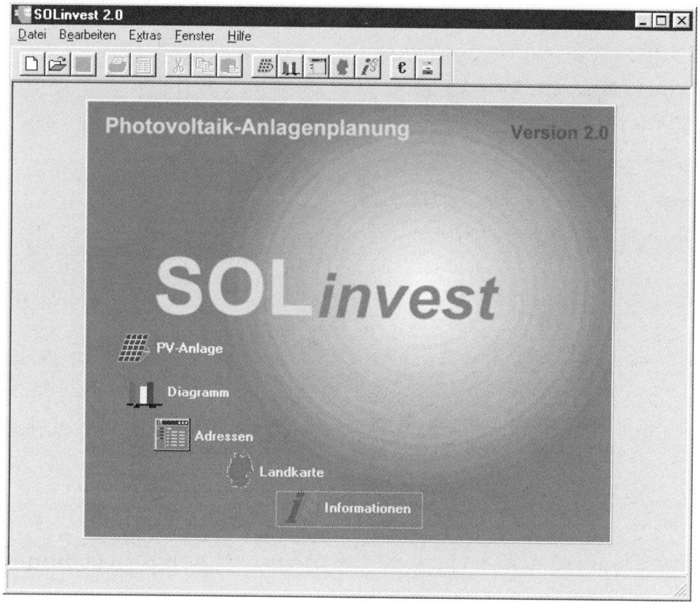

Fig. 2.30. Ventana principal del programa SOLINVEST v2.0.

"PV Planner" (*www.ceep.org*) es una herramienta analítica, basada en hojas de cálculo, que permite la planificación económica de aplicaciones fotovoltaicas conectadas a la red eléctrica. Puede realizar estudios económicos de instalaciones fotovoltaicas bajo diferentes configuraciones tecnológicas, recursos y políticas financieras, para después ofrecer información sobre tiempos de reembolso y factores coste-beneficio.

2.8 Simuladores fotovoltaicos para edificios

Si bien es posible utilizar los simuladores fotovoltaicos de propósito general, descritos en apartados anteriores para analizar edificios fotovoltaicos, lo cierto es que estas herramientas no están específicamente orientadas a simular edificios fotovoltaicos conectados a la red eléctrica (EFCR). Estudios realizados a finales de los años 90 [IEA, 1999] indicaban que ninguna de las herramientas existentes en aquel momento permitían un análisis técnico detallado del edificio, pero sí ofrecían la posibilidad de esbozar el diseño, y prever las prestaciones en función de las condiciones meteorológicas del emplazamiento y los componentes a utilizar (módulos fotovoltaicos, inversores, etc.). Estos programas incluían algunas rutinas de análisis económico pero, en general, había pocas herramientas, y las existentes habían tenido que alcanzar un compromiso entre facilidad de uso y nivel de detalle de los modelos. Como se verá a continuación, este panorama ha mejorado algo en los últimos años, pero sigue justificando nuevos esfuerzos para aportar modernas herramientas de análisis de EFCR.

Algunos autores han explorado el potencial de combinar herramientas GIS (*Geographic Information Systems*) y simulación de EFCR para estudiar el potencial fotovoltaico de grandes áreas urbanas, buscando una metodología para ofrecer a los planificadores de espacios urbanos herramientas para seleccionar zonas urbanas susceptibles de incorporar una instalación masiva de EFCR. Herramientas como "***TownScope II***" (*www.lema.ulg.ac.be/tools/townscope*) facilitan la toma de decisiones en proyectos de desarrollo y diseño urbano, combinando una interfaz gráfica tridimensional que permite definir entornos urbanos, algoritmos de triangulación para modelar suelos y superficies irregulares, y un conjunto de herramientas de análisis geométrico, confort térmico, vientos, optimización de espacios urbanos abiertos, radiación solar, etc. Este programa ofrece como resultados varios tipos de perspectivas, con proyecciones esféricas y estereográficas del edificio y su entorno.

Las fachadas de edificios ofrecen grandes superficies para la conversión de potencia fotovoltaica pero, debido al entorno en que se suelen ubicar y a su orientación en general no óptima, es inevitable que se vean sometidos a irradiación no homogénea. Los efectos del funcionamiento de las células solares bajo estas condiciones, se pueden analizar utilizando herramientas como "***RADIANCE***" (http://*radsite.lbl.gov/radiance*) que permiten determinar la irradiancia sobre el edificio con gran precisión, antes de evaluar las pérdidas de energía derivadas de una orientación y ubicación incorrectas.

El "PV Special Research Centre" de la Universidad de Nueva Gales del Sur (Australia) también ha desarrollado un motor de simulación de EFCR dedicado a evaluar el potencial de los productos BIPV (*Building Integrated Photovoltaics*) en el mercado australiano. Este modelo utiliza datos de radiación directa y difusa junto con valores de la temperatura ambiente, realizando la simulación en intervalos horarios a lo largo de un año. El sistema fotovoltaico global se considera formado por un conjunto de subsistemas BIPV que pueden ser diferentes y estar colocados arbitrariamente. La interfaz de usuario está basada en hojas de cálculo que permiten simular parámetros fotovoltaicos bajo determinadas condiciones de perfiles de carga del edificio y tarifas de red, ofreciendo resultados sobre la tarifa más ventajosa (plana, franjas horarias, tarifa nocturna, etc.). Para simplificar el modelo, se ha asumido que la eficiencia del inversor es una función lineal de su potencia de entrada y que toda la energía producida es consumida en el propio edificio [Travers y otros, 1998].

"PHANTASM" (*PHotovoltaic ANalysis and TrAnsient Simulation Method*) es una herramienta de análisis predictivo de edificios fotovoltaicos que ha sido desarrollada en el "Solar Energy Laboratory" de la Universidad de Wisconsin (http://*sel.me.wisc.edu*). En realidad es una extensión del programa *TRNSYS* (descrito anteriormente) para predecir el comportamiento de sistemas fotovoltaicos en edificios. Los modelos de simulación incluidos en *PHANTASM* se han obtenido monitorizando «arrays» fotovoltaicos instalados sobre estructuras fijas en edificios comerciales de Milwaukee (USA), empleando series históricas de datos meteorológicos de la misma ciudad y tarifas de Wisconsin Electric, la Compañía eléctrica local. Algunos de los parámetros que requiere el modelo implementado en este programa, suelen ser fácilmente localizables en las hojas de especificación técnica de los fabricantes de paneles (tensión en vacío, corriente de cortocircuito, coeficientes de temperatura, etc.). Sin embargo, otros parámetros como la transmitancia del encapsulado o las resistencias serie y paralelo del circuito equivalente de las células fotovoltaicas, no son tan fáciles de obtener.

"PVCAD" (*www.iset.uni-kassel.de/pvcad*) es un programa gratuito para planificar fachadas fotovoltaicas de edificios conectados a la red eléctrica, el cual permite importar ficheros en formato DXF generados con sistemas CAD convencionales. Incluye una base de datos meteorológica, así como datos de inversores y módulos fotovoltaicos. Existen macros para el programa de diseño asistido AutoCAD® que permiten definir el generador fotovoltaico con rapidez sobre el plano general de las fachadas del edificio (fig. 2.31). PVCAD dispone de un filtro que extrae la información relevante del fichero DXF que define la fachada y el generador fotovoltaico. El esquema de conexión eléctrica del generador fotovoltaico puede también definirse con la ayuda de macros para AutoCAD®. Para los usuarios que no disponen de herramientas CAD para definir la fachada, *PVCAD* ha previsto la utilización de un interfaz que permite realizar una definición simplificada. Obtiene la energía generada en la fachada considerando el posible efecto de las sombras y el comportamiento térmico de los paneles, permitiendo comparar las prestaciones obtenibles al variar la disposición física o eléctrica de los paneles sobre las fachadas. La base de datos contiene unos 300 módulos fotovoltaicos y casi 100 inversores. Incluye datos meteorológicos para unos 2000 emplazamientos en todo el mundo.

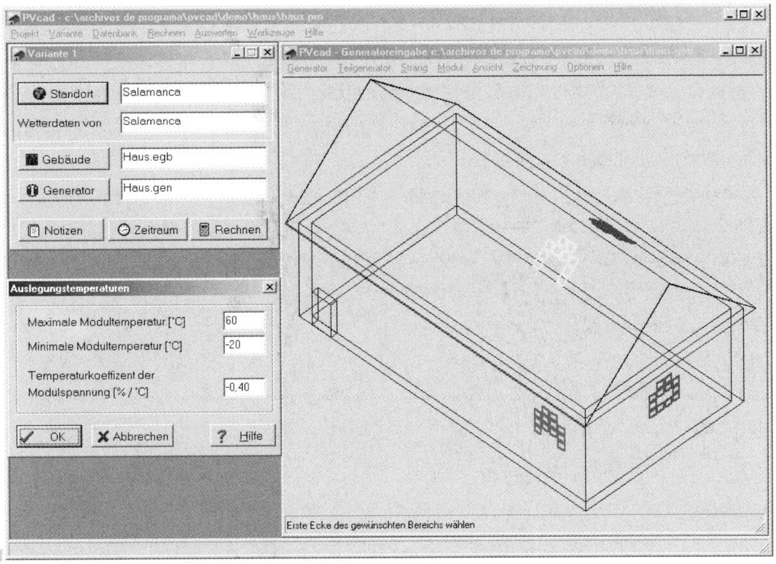

Fig. 2.31. Definición de fachadas y tejados fotovoltaicos en el programa PVCAD v1.2.1.

"Solar Pro". La empresa Japonesa Laplace System Co. (*www.lapsys.co.jp*) ha desarrollado un programa dedicado a la simulación de sistemas solares fotovoltaicos que permite definir instalaciones sobre edificios. El programa ofrece por defecto varios emplazamientos correspondientes a ciudades de todo el mundo donde realizar las simulaciones, aunque se pueden definir nuevos emplazamientos introduciendo sus coordenadas geográficas. La característica singular de este programa que lo hace adecuado al mundo de la edificación es la posibilidad de definir la geometría y características de viviendas y edificios, tanto los que soportan los módulos fotovoltaicos como los colindantes que produzcan sombras sobre el campo colector (fig. 2.32). La definición de estos elementos se puede realizar por medio de utilidades gráficas, introduciendo coordenadas sobre planos o seleccionando modelos tridimensionales predefinidos. Una vez definidos todos los perfiles de sombra, es posible ejecutar animaciones tridimensionales de cómo van evolucionando a lo largo de un período de simulación concreto. Otra interesante herramienta ofrecida por este programa superpone las "huellas" de las sombras sobre los modelos de los edificios a lo largo de todo el día, mostrando cómo afectan a la superficie fotovoltaica instalada. Después de ejecutar la simulación, dibuja curvas *I-V* de los paneles, gráficos diarios, mensuales y anuales de energía producida, tablas con informes de prestaciones energéticas, etc. Esta empresa permite descargar datos de módulos fotovoltaicos comerciales desde Internet, de forma que el programa pueda ser actualizado con nuevos modelos. Los ficheros descargados deben ser salvados en el mismo directorio de ejecución del programa para que puedan utilizarse desde su interfaz.

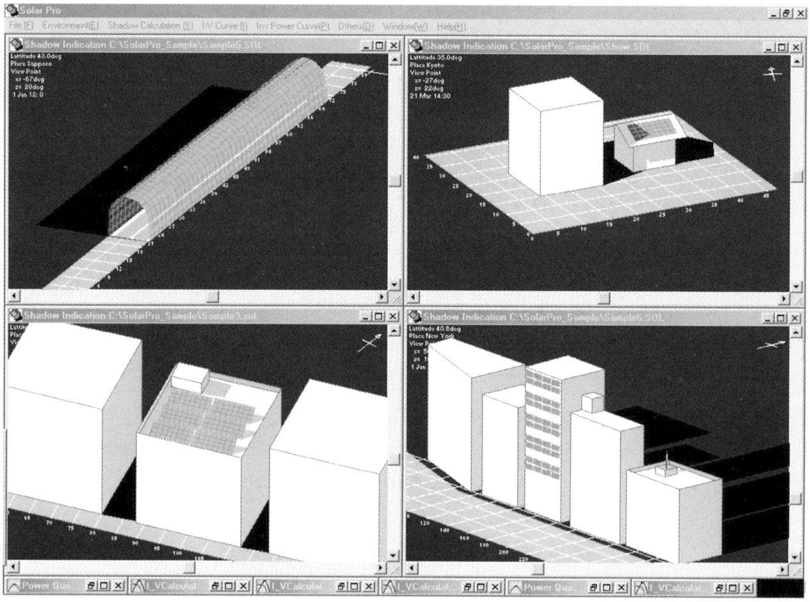

Fig. 2.32. Simulación de edificios fotovoltaicos con el programa Solar Pro.

Además del nuevo simulador de EFCR que se irá presentando en los próximos capítulos, dentro del mismo grupo de trabajo [Foto-RED, 1998] se han desarrollado otras herramientas software para predecir cómo la inyección de energía fotovoltaica en la red eléctrica española puede afectar a la generación eléctrica nacional [Delgado y otros, 2001]. Un módulo de esta herramienta está dedicado a estimar valores horarios de la curva de demanda, para poder analizar el efecto sobre dicha curva de la inyección fotovoltaica a gran escala. Este programa, denominado ***"EscenariosPV"***, permite realizar estudios de demanda eléctrica, generación fotovoltaica, modificación de la curva de demanda y coste de la energía fotovoltaica generada, ya sea en grandes plantas fotovoltaicas centralizadas o en grupos de EFCR distribuidos (fig. 2.33).

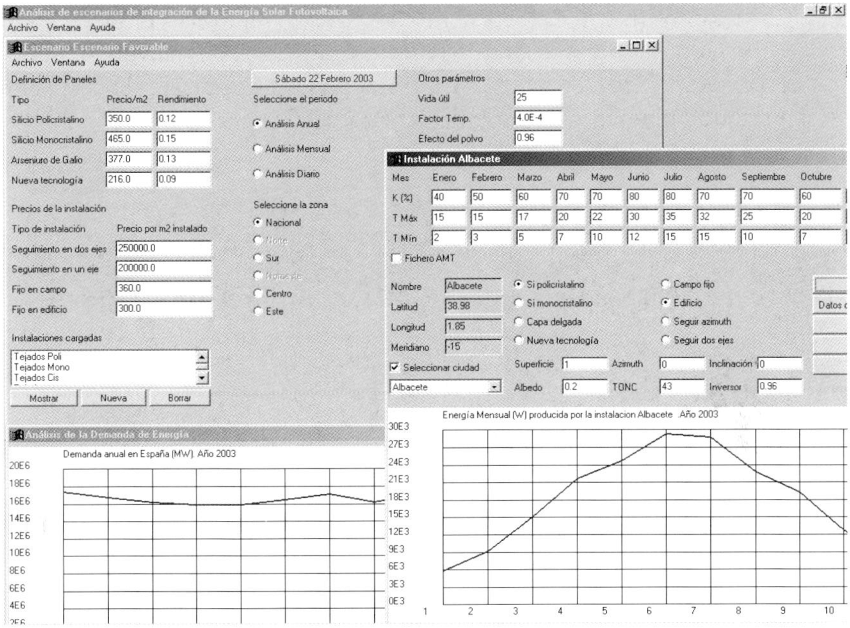

Fig. 2.33. Análisis de instalaciones fotovoltaicas con el programa EscenariosPV.

Capítulo 3: Interfaz de usuario y funciones del simulador Foto-RED v2.1

Este capítulo presenta la estructura y principales funciones de un nuevo simulador de edificios fotovoltaicos conectados a la red eléctrica que se ha incluido en el CD-ROM. Además de explicar cómo se utiliza y qué posibilidades ofrece al diseñador de aplicaciones fotovoltaicas para edificios, este capítulo también describe la organización de la interfaz de usuario del programa. Los aspectos relativos a la programación y arquitectura interna del simulador se han incluido en los anexos en formato PDF contenidos en el CD-ROM.

3.1 El simulador "*Foto-RED*"

El simulador "***Foto-RED v2.1***" es la última versión disponible de una nueva herramienta de análisis energético de edificios fotovoltaicos conectados a la red eléctrica (EFCR), desarrollada dentro de un proyecto dedicado a estudiar los límites y competitividad de la energía solar fotovoltaica en la red eléctrica española [Foto-RED, 1998]. Para poder llegar al mayor número posible de usuarios, este programa ha sido diseñado en formato "applet-Java" de forma que pueda ser ejecutado bien en modo local o desde máquinas remotas conectadas a la red Internet. El anexo A incluido en el CD-ROM ofrece información detallada sobre las razones que justifican esta elección de lenguaje y formato frente a otras alternativas, incluyendo también una breve introducción a las técnicas de computación distribuida, el lenguaje Java y las características específicas del formato "applet-Java".

Uno de los principales atractivos del lenguaje Java [Gosling y otros, 1996] es la posibilidad de ejecutar una misma versión del programa en diferentes entornos y arquitecturas, algo que lo hace ideal para distribuir software a multitud de usuarios independientemente del hardware y el sistema operativo que utilicen. El código precompilado de un "applet-Java" reside en un servidor "web", y se transmite a través de la red Internet hasta el ordenador cliente, donde se ejecuta de forma local (en el programa *Foto-RED* sólo se vuelven a establecer conexiones puntuales con el servidor cuando el usuario solicita servicios particulares, tales como abrir ficheros HTML de ayuda, descargar ejemplos, abrir bases de datos, etc.). A efectos prácticos, el único requisito para poder usar el simulador *Foto-RED* es disponer de un navegador "web" (como Netscape o Internet Explorer) con compatibilidad Java 1.1. Sin embargo, algunas opciones avanzadas del programa (tales como *la transparencia de color* o *guardar* y *recuperar* simulaciones localmente) requieren navegadores compatibles con Java 1.2. o posterior.

El objetivo principal del programa *Foto-RED* es realizar estimaciones sobre el comportamiento energético de un edificio fotovoltaico conectado a la red eléctrica. Las estimaciones de consumo del edificio se realizan en función de varios parámetros geométricos y constructivos, siguiendo una metodología desarrollada dentro del mismo proyecto [Travesí, 1998]. Las estimaciones de generación fotovoltaica en el edificio se realizan a partir de cálculos de radiación solar y modelos que permiten computar la energía generada en intervalos horarios, mensuales o anuales.

Además de la versión española original, para facilitar la utilización del programa a usuarios de otros países se ha desarrollado una versión en inglés. Ambas versiones se han incluido en el CD-ROM, y están también disponibles en Internet en la dirección *www.ieec.uned.es/investg/fotored/desarr.htm.*

En este capítulo no se entrará en detalles de bajo nivel sobre la arquitectura y estructura interna del programa. Para aquellos lectores interesados en técnicas de simulación fotovoltaica y desarrollo de herramientas de simulación para Internet, el anexo B incluido en el CD-ROM ofrece información detallada sobre las soluciones adoptadas para que el simulador *Foto-RED* funcione eficientemente a través de la red Internet. En dicho anexo se asume que el lector tiene un cierto grado de familiaridad con el lenguaje Java y los diagramas *UML* [Rumbaugh y otros, 1998], ya que se utilizan diagramas de clase y pequeñas porciones de código Java para presentar los aspectos internos de cómo funciona el programa.

3.2 Arranque de la aplicación

Ya se ejecute desde el CD-ROM o a través de la red Internet, la página HTML de acceso al programa *Foto-RED* contiene una breve introducción sobre sus características y principales funciones. Además de poder seleccionar el idioma tanto de la información inicial como del propio programa, esta página de arranque permite lanzar la aplicación pulsando sobre el botón que corresponda a la resolución gráfica deseada. Aunque se puede trabajar con resoluciones de entre 640×480 píxeles y 1280×1024 píxeles, para optimizar la visualización de curvas y gráficos se recomienda configurar el monitor a una resolución gráfica de 800×600 píxeles como mínimo. Una rutina escrita en "JavaScript" detecta y muestra la versión del navegador del usuario para ver si es compatible con la aplicación (fig. 3.1), indicando, entre otra información relativa al sistema operativo y arquitectura del usuario, la versión de la máquina virtual Java, si está o no habilitada la compatibilidad Java del navegador, y la resolución gráfica de pantalla actualmente seleccionada. Después de pulsar cualquiera de los botones de arranque, el programa se ejecuta desde el navegador en una ventana independiente, creada por medio de otro pequeño programa escrito en "JavaScript".

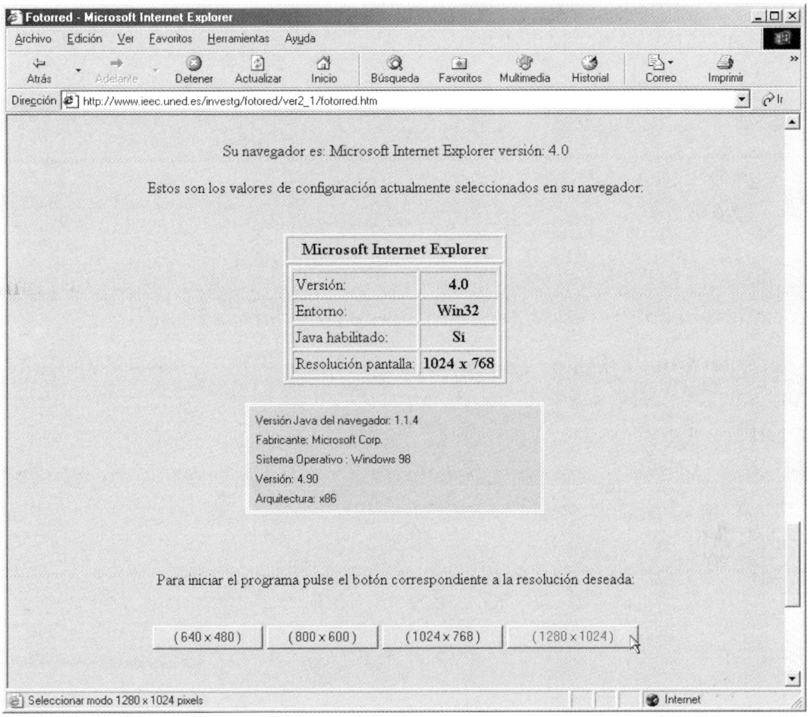

Fig. 3.1. Página HTML de arranque de la aplicación: detección de características del navegador con "JavaScript" y selección de la resolución gráfica deseada.

Como se verá más adelante en este mismo capítulo, el programa dispone de numerosos documentos de ayuda en formato HTML, que pueden ser abiertos desde la barra de menús del propio programa o desde un índice de ayudas existente en la página de arranque. Otro enlace de esta misma página permite consultar una amplia documentación sobre la estructura de las clases, métodos y componentes utilizados para programar la aplicación.

3.3 Componentes de la interfaz de usuario

La interfaz del programa está formada por seis tipos de componentes principales:

- *Ventana gráfica donde se muestra la geometría del edificio*. La representación gráfica del edificio refleja las opciones seleccionadas por el usuario en aspectos tales como las dimensiones sobre los tres ejes, ángulo de orientación respecto al Norte, factor de zoom, colores, etc.
- *Barra de menús flotante donde se incluyen todas las funciones*. Esta barra de menús permite acceder a ventanas tanto para seleccionar las condiciones de la simulación como para mostrar los resultados de la misma en formato gráfico o tabular.
- *Ventanas de introducción de datos*. Permiten definir las condiciones de la simulación (dimensiones del edificio, coeficientes de transmisión de vidrios y muros, número y tipo de paneles fotovoltaicos, etc.). Algunos datos deben ser introducidos en formato numérico a través del teclado, otros se seleccionan mediante cursores móviles (barras de desplazamiento) o se eligen entre varias opciones por defecto ofrecidas por el programa.
- *Herramientas para gestionar las condiciones de visualización*. Facilitan el control de aspectos como el factor de zoom, colores del suelo, edificio y plano de fondo, gestión conjunta de apertura y cierre de ventanas, apertura de ejemplos, guardar o recuperar simulaciones en el disco local, mostrar u ocultar cuadrículas, etc.
- *Ventanas de visualización de resultados*. Muestran las estimaciones de consumo, radiación solar, energía fotovoltaica, balance energético o previsiones económicas del edificio durante el período de simulación elegido. Los resultados se ofrecen en formato gráfico, tablas, diagramas de barras, etc.
- *Documentos de ayuda*. El programa facilita el acceso a un total de 25 documentos de ayuda, en formato HTML, que residen en el servidor. Para agilizar el tiempo de arranque del programa, estos documentos se descargan sólo cuando el usuario desea consultarlos, abriéndose en ventanas independientes gestionadas por el propio navegador.

A modo de ejemplo, la figura 3.2 muestra varias ventanas del programa abiertas simultáneamente. En concreto, se puede ver la barra de menús en la parte superior izquierda de la pantalla, la representación gráfica del edificio a simular, cuatro ventanas de introducción de datos, y dos ventanas de visualización de resultados.

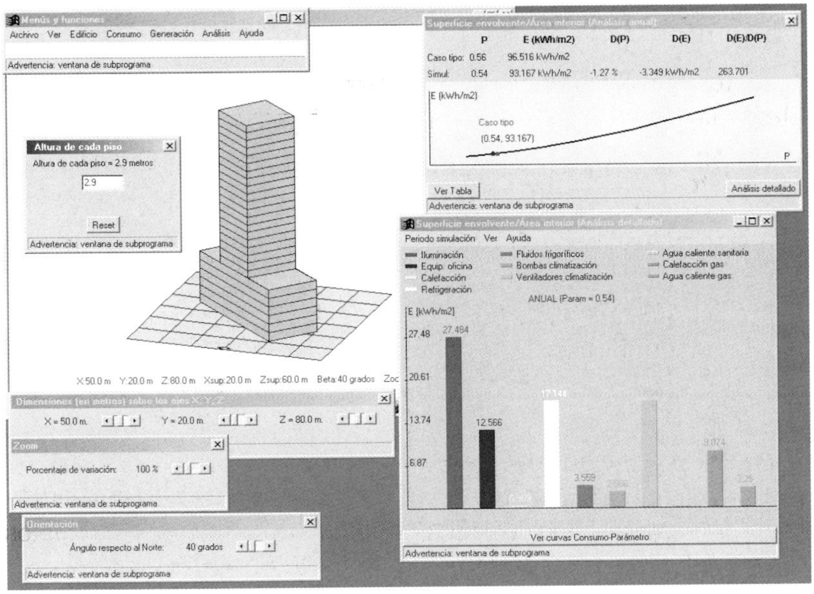

Fig. 3.2. Elementos que componen la interfaz de usuario del programa.

3.3.1 Ventana gráfica de geometría del edificio

Esta ventana muestra la representación gráfica tridimensional del edificio, para poder visualizar cualquier modificación realizada sobre su geometría. Como se puede apreciar en la figura 3.3, además de la representación en perspectiva del edificio, en la parte inferior de la ventana aparecen una serie de valores numéricos que reflejan las principales opciones seleccionadas por el usuario en lo que a geometría, orientación y factor de zoom se refiere. Las variables X, Y, Z son las dimensiones exteriores del edificio sobre un sistema cartesiano de coordenadas donde el plano del suelo está definido por los ejes OX y OY. El eje OX se supone contenido en el plano de la pantalla, mientras que el eje OY es perpendicular al observador. El eje OZ contiene las alturas del edificio, por lo que es perpendicular al plano del suelo. Xsup y Zsup son las dimensiones sobre los ejes X y Z de la parte superior del edificio, "beta" es el ángulo de orientación del edificio con respecto al Norte y "zoom" es el factor de escala gráfica aplicado a la representación del edificio en pantalla (el valor inicial es 100 %).

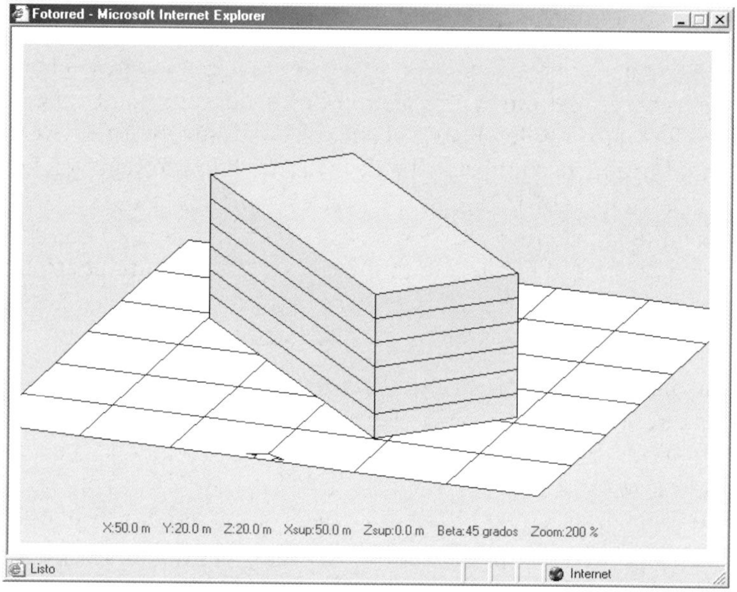

Fig. 3.3. Ventana gráfica de representación geométrica del edificio.

El efecto "zoom" es necesario para poder trabajar cómodamente con edificios de dimensiones muy dispares. Los rangos de variación admisibles en las rutinas de definición de geometría del edificio se han establecido de forma que se puedan simular edificios con longitudes comprendidas entre 0,1 y 100 metros de lado. Ya que la representación gráfica del edificio es proporcional a sus dimensiones, es necesario aplicar un factor de "zoom" para ajustar la imagen a las dimensiones óptimas de la pantalla. Después de hacer varias pruebas, asumiendo un porcentaje inicial del 100 %, el rango de variación admisible se ha establecido entre un 1 % y un 500 %.

El punto de vista del observador respecto al edificio se puede variar con ayuda del ratón, pinchando sobre la figura y arrastrando (sin soltar) hasta obtener la perspectiva deseada. Las marcas en forma de flecha sobre el plano del suelo definen el eje norte-sur apuntando siempre en la dirección del norte.

3.3.2 Barra de menús flotante

El hecho de que la barra de menús que controla las funciones del programa sea flotante (fig. 3.4) es debido a las restricciones de seguridad inherentes a los programas en formato "applet-Java" (el anexo A incluido en el CD-ROM contiene más detalles sobre este particular). Una de estas medidas de seguridad impide que, en principio, un «applet» pueda tener barra de menús propia. Esta limitación complicó bastante la fase de desarrollo inicial del programa, ya que pronto quedó claro que era necesario disponer de una barra de menús para controlar todas las funciones previstas del simulador. Entre las posibles soluciones que se consideraron en su momento, estas dos son las más destacables:

- Desarrollar el programa utilizando "*Swing*". Esta *API* permite crear interfaces gráficos mucho más potentes, de forma que incluso un «applet» pueda tener barra de menús. Sin embargo, esta opción se desestimó rápidamente por problemas de compatibilidad. *Swing* empezó a darse a conocer a finales de 1997, pero pocos navegadores pueden ejecutar programas *Swing* sin que el usuario se ocupe de instalar un «plug-in». Como se intentaba llegar al mayor número posible de usuarios con diferentes arquitecturas y plataformas, *Swing* parecía una opción demasiado limitadora.
- Crear una barra de menús flotante en una ventana independiente que es abierta por el propio «applet». Esta opción es de una elegancia tal vez discutible, pero no ofrece problemas de seguridad ni de compatibilidad en ningún navegador y proporciona exactamente la misma funcionalidad que una barra integrada, por lo que fue la solución finalmente adoptada.

Para facilitar su uso, el programa permite que la barra de menús flotante se pueda poner en primer plano en cualquier momento pinchando con el botón derecho del ratón sobre la ventana que muestra el modelo 3D del edificio. Como una medida adicional de seguridad, el mensaje "Advertencia: ventana de subprograma", que se puede apreciar en la parte inferior de la figura 3.4, es añadido automáticamente por el navegador para avisar al usuario de que esa ventana ha sido abierta desde un «applet».

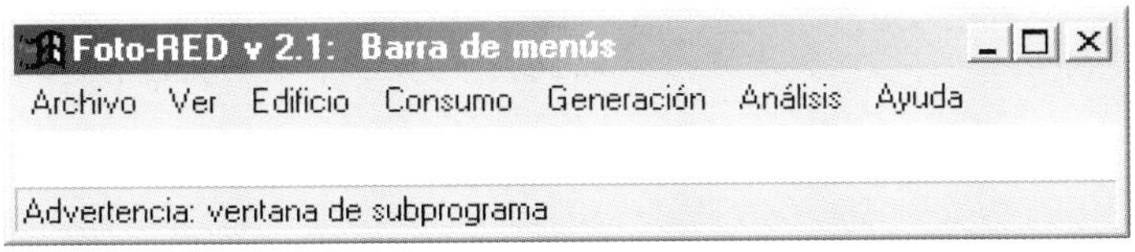

Fig. 3.4. Barra de menús flotante que controla las funciones del programa.

3.4 Menú "*Archivo*"

Las funciones agrupadas bajo el menú "*Archivo*" se ocupan de guardar y recuperar simulaciones localmente, abrir ejemplos y cerrar el programa (fig. 3.5). La opción "*Salir*" es una manera alternativa de finalizar la ejecución del programa sin necesidad de cerrar la ventana principal de la aplicación. El hecho de utilizar una barra de menús independiente fue motivo de problemas con algunas versiones antiguas de Netscape®, ya que al cerrar el navegador, a veces se quedaba la barra de menús como un proceso perdido que seguía consumiendo tiempo de CPU. Esto se solucionó incluyendo una rutina específica de finalización que elimina las interfaces de detección de eventos de la clase principal del «applet», ejecuta las rutinas de finalización de todos los objetos y "destruye" explícitamente la barra de menús.

Fig. 3.5. Opciones del menú "Archivo".

3.4.1 Abrir ejemplos de simulación

La opción "*Abrir-Ejemplos*" del menú "*Archivo*" permite cargar modelos de edificios incluidos como ejemplos en el programa. Estos modelos son representativos de varios edificios que se consideran de interés. También se ha incluido como modelo predefinido el edificio de referencia que se muestra por defecto al arrancar el programa.

Para cargar un modelo predefinido, simplemente hay que seleccionarlo en la lista de edificios y pulsar el botón "*Abrir*" (fig. 3.6). Los datos de cada ejemplo están almacenados en el servidor www, en un fichero independiente que se descarga a través de la red para poder regenerar el modelo deseado.

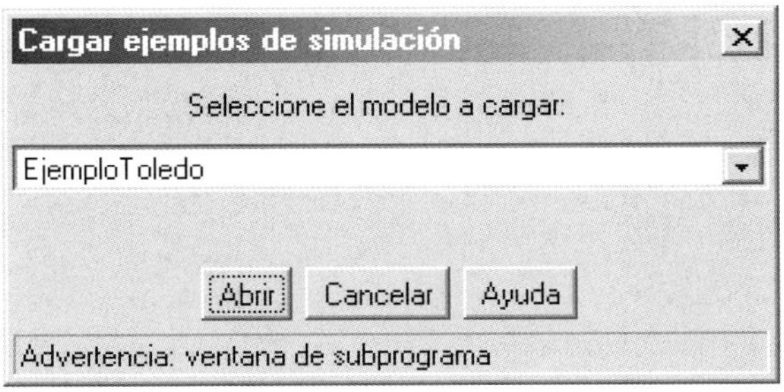

Fig. 3.6. Ventana de selección para abrir ejemplos disponibles en el servidor.

3.4.2 Guardar y recuperar simulaciones

Otra de las muchas restricciones de seguridad aplicables a un «applet» impide que pueda acceder al disco del usuario (ya sea en modo lectura o escritura), lo que, en principio, imposibilita guardar o abrir ficheros localmente. No obstante, a partir de la versión Java 1.2, el *API* de seguridad ha sido completado para permitir al usuario otorgar permisos especiales al entorno de ejecución formado por el conjunto "applet-navegador". Básicamente, la nueva política de seguridad consiste en lo siguiente: un «applet» no puede hacer cosas potencialmente peligrosas a menos que el usuario explícitamente le permita hacerlas.

Desde un principio se consideró que el nuevo simulador debería ofrecer al usuario la posibilidad de guardar sus simulaciones en ficheros fácilmente recuperables. Sin embargo, este deseo chocaba con las restricciones de seguridad comentadas, por lo que, durante el desarrollo del programa, se ensayaron varias estrategias:

1) Convertir el programa en un «applet» con certificación de seguridad (*Signed Applet*). De esta forma las restricciones de seguridad aplicables son mucho menos severas, lo que permite, entre otras cosas, escribir y leer en el disco local del usuario.

2) Permitir a los usuarios guardar sus ficheros de simulación en el servidor desde donde se descarga el código del «applet».

3) Dejar que sólo los usuarios interesados en guardar simulaciones en sus máquinas locales puedan hacerlo, ocupándose ellos mismos de conceder los permisos necesarios.

De estas opciones, sólo la tercera se ha implementado en la versión 2.1 del programa (fig. 3.7). Es la que mayores ventajas ofrece para la organización y seguridad del servidor y usuarios, ya que el «applet» sólo podrá escribir y leer ficheros concretos en un directorio local único.

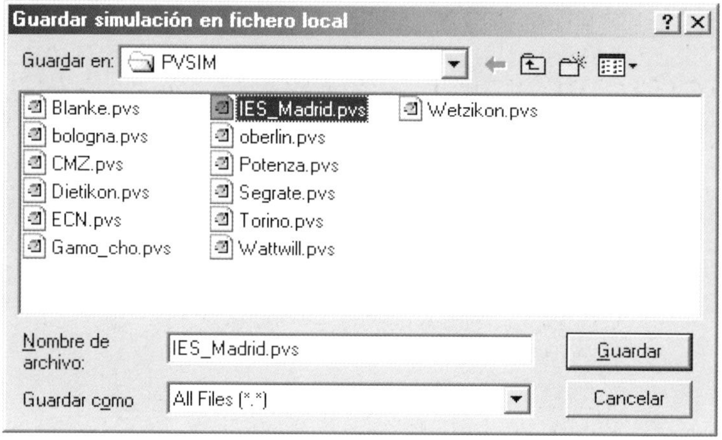

Fig. 3.7. Cuadro de diálogo para guardar simulaciones en el disco local del usuario.

El proceso a seguir para otorgar permisos de lectura y escritura sobre un disco local no es trivial, pero está explicado con gran detalle en la ayuda del propio programa. Además de los textos explicativos, la ayuda contiene herramientas que permiten al usuario conocer la versión Java de su navegador, y localizar sus directorios "*java.home*" y "*user.home*" (fig. 3.8). A modo de resumen, para poder guardar y recuperar simulaciones en su ordenador, el usuario deberá hacer lo siguiente:

1) Disponer de un navegador compatible con Java 1.2 o superior. Si el navegador es antiguo, debe actualizarse instalando el "Java plug-in" de Sun Microsystems (descarga gratuita en la dirección *www.javasoft.com*).

2) Buscar en la máquina del usuario un fichero denominado "*java.security*". Este fichero se encontrará en el subdirectorio "*lib/security*" del directorio "*java.home*" del usuario. Una vez localizado este fichero, hay que editarlo para añadir la siguiente línea:

   policy.url.3=file:${user.home}/fotorred.java.policy

3) Por último, en el directorio "*user.home*" se debe crear un fichero denominado "*fotorred.java.policy*", con el siguiente contenido:

```
grant {
  permission Java.util.PropertyPermission "user.home", "read";
  permission Java.io.FilePermission "${user.home}${/}PVSIM${/}*", "read, write";
};
```

Este fichero otorga un permiso de lectura para que el «applet» pueda localizar el directorio "*user.home*" del usuario, y permisos de lectura-escritura sobre ficheros ubicados en un directorio denominado "*PVSIM*" que debe "colgar" del directorio "*user.home*". El acceso a cualquier otro fichero de la máquina local no estará permitido. Posteriormente el «applet» establece todavía mayores restricciones de seguridad al exigir que los ficheros escritos o leídos del directorio "*PVSIM*" tengan extensión "*.pvs*" (conteniendo sólo datos de simulación fotovoltaica).

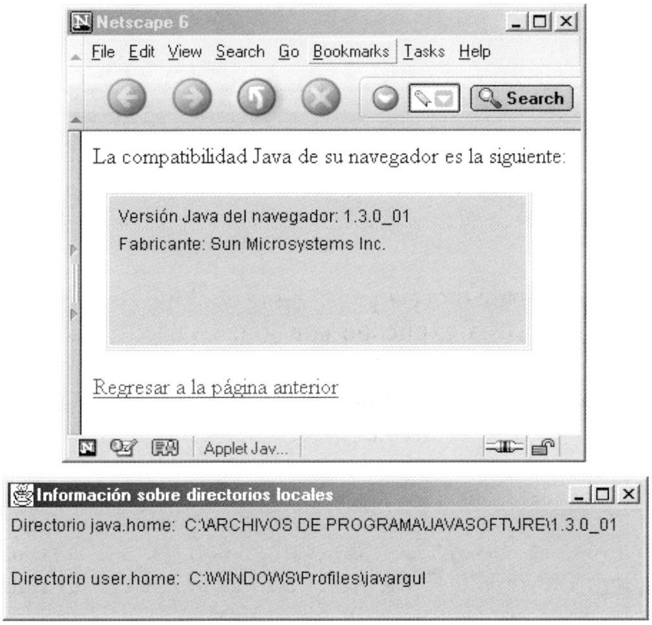

Fig. 3.8. Herramientas para facilitar la concesión de permisos de acceso al disco del usuario.

Editados y guardados los ficheros "*java.security*" y "*fotorred.java.policy*", el «applet» se podrá ejecutar desde el navegador en la forma habitual. Si se han seguido los pasos explicados anteriormente, será posible guardar y recuperar simulaciones en el directorio "*PVSIM*" (que deberá crear el propio usuario en su directorio "*user.home*").

3.5 Menú "*Ver*"

Bajo este apartado se engloban varias opciones relacionadas con la información mostrada en pantalla, configuración de visualización y gestión de ventanas (fig. 3.9).

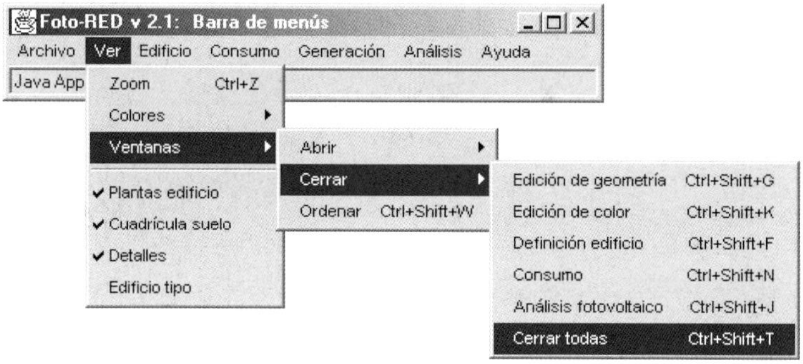

Fig. 3.9. Opciones del menú "Ver".

La opción "zoom" permite acercar o alejar la representación gráfica del edificio del punto de vista del observador. Este efecto se consigue aplicando un factor de multiplicación porcentual sobre la representación gráfica inicial, lo que permite al usuario ajustar la imagen del edificio a las dimensiones de la ventana, incluso con edificios de dimensiones muy dispares. El rango de variación admisible se ha establecido entre un 1 % y un 500 % del valor inicial (100 %).

El menú de selección de colores permite modificar el color del edificio, el del suelo y el del fondo de la ventana de representación de edificios, para ajustarlos a los gustos particulares del usuario. Si se dispone de un navegador actualizado (compatible con Java 1.2 o posterior), también es posible utilizar grados de transparencia en los colores del edificio, de forma que se pueda reducir el grado de solidez del modelo hasta convertirlo en una estructura alámbrica como la mostrada en la figura 3.10.

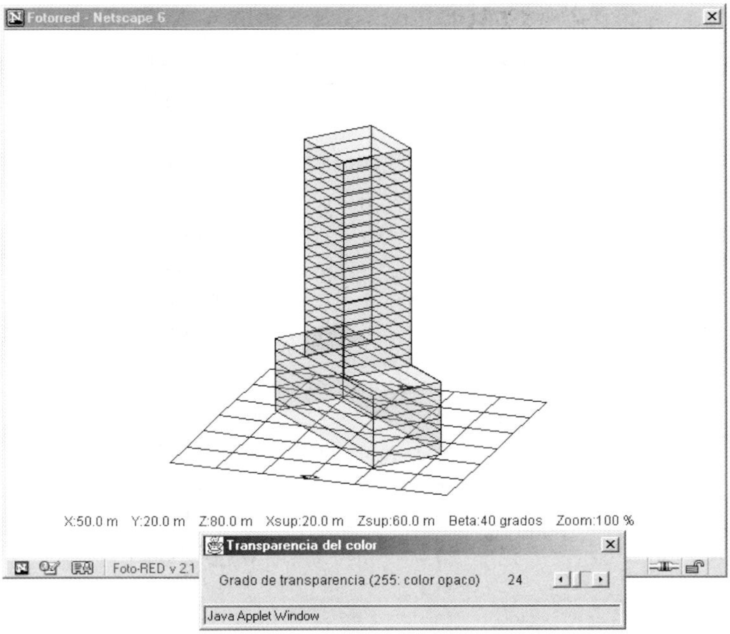

Fig. 3.10. Colores transparentes para mostrar la estructura interna del edificio.

El menú "*Ventanas*" se ha incluido para facilitar la gestión conjunta de todas las ventanas mostradas en pantalla. Se han implementado varios menús que sirven de "atajo" para abrir o cerrar grupos de ventanas que compartan características comunes. Otras opciones de este grupo de menús permiten ordenar o cerrar todas las ventanas que estén abiertas en ese momento.

Las opciones "*Plantas edificio*" y "*Cuadrícula suelo*" son útiles para seleccionar el grado de detalle del modelo gráfico del edificio y el suelo. Permiten mostrar u ocultar las líneas divisorias de las plantas del edificio y la rejilla que representa la orientación.

Al igual que las dos opciones anteriores, las dos últimas funciones de este apartado ("*Detalles*" y "*Edificio tipo*") se han implementado en forma de casillas que el usuario puede habilitar o deshabilitar. Una marca (✓) delante de la opción indica que actualmente se encuentra habilitada. Cuando el menú "*Detalles*" está activado, debajo de la figura del edificio aparece una línea de texto mostrando las dimensiones del edificio (en metros), ángulo de orientación respecto al Norte y factor de "zoom". Finalmente, al habilitar la opción "*Edificio tipo*" el edificio mostrado en pantalla es substituido por el edificio tipo considerado como referencia por el programa (las características de este edificio tipo están detalladas en la ayuda del programa, pero se trata de un clásico edificio de oficinas de 7800 m^2 distribuidos en 8 plantas). Esta función se ha incluido con el propósito de facilitar una comparación visual rápida entre la geometría del edificio estudiado y el edificio tipo, por lo que el factor de zoom seleccionado por el usuario se mantiene. Mientras el edificio tipo está en pantalla, la línea de texto que muestra los detalles del edificio cambia a color rojo, y todas las opciones de edición del programa se encuentran deshabilitadas. Si el usuario intenta modificar alguna configuración, aparecerá un mensaje explicativo indicando que antes debe regresar al modelo anterior inhabilitando la opción "*Edificio tipo*".

3.6 Menú "*Edificio*"

Este grupo de menús permite configurar la geometría y parametrizar las variables que afectan al consumo del edificio que va a ser simulado (fig. 3.11).

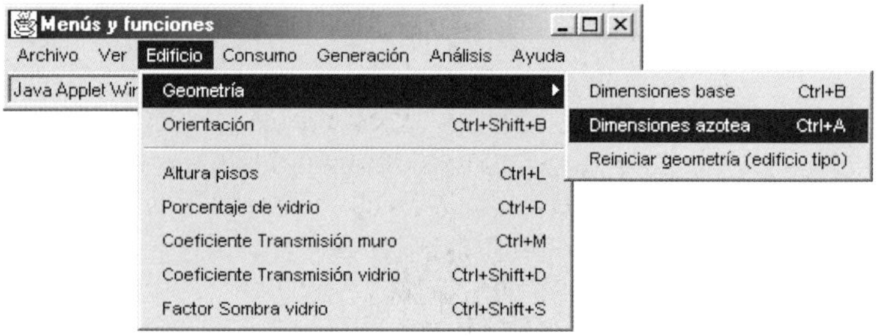

Fig. 3.11. Opciones de configuración geométrica y parametrización del edificio.

Como se puede apreciar en la figura 3.11, este menú permite modificar los siguientes apartados:

- Dimensiones de la base del edificio (en metros).
- Dimensiones de la parte superior del edificio (plantas superiores y azotea).
- Reiniciar la geometría del edificio, asignándole los valores originales del edificio tipo de referencia inicial.
- Ángulo de orientación general del edificio (en grados) con respecto al Norte.

– Altura de cada planta en metros.
– Porcentaje de superficie acristalada en las fachadas del edificio.
– Coeficiente global de transmisión del tipo de muro empleado en el edificio.
– Coeficiente de transmisión térmica del vidrio empleado en el edificio.
– Factor de sombra del vidrio.

3.7 Menú "*Consumo*"

Las diversas funciones englobadas bajo este menú permiten analizar la sensibilidad del consumo energético del edificio ante diferentes parámetros geométricos y constructivos (fig. 3.12). El procedimiento a seguir es el mismo para todos los parámetros, y consiste básicamente en lo siguiente:

– El programa establece unos valores máximos y mínimos de parámetros que son representativos de edificios reales. Dentro del rango de variación de cada parámetro, el programa sabe cómo estimar la evolución del consumo por metro cuadrado en función del valor del parámetro (a partir de datos de campo y simulaciones previas que se han integrado en el programa).
– Se simula el comportamiento del edificio calculando los valores de los seis parámetros para ese caso concreto, y estimando el consumo de energía en función de cada parámetro individualmente. Ya que el análisis de cada parámetro se realiza independientemente de los demás, las estimaciones de consumo unitario ofrecidas a partir de cada parámetro pueden ser muy dispares. Su efecto se combina posteriormente en las rutinas de análisis global para ofrecer una estimación de consumo única, resultado del efecto conjunto de los seis parámetros.
– Se analizan los resultados en forma gráfica y tabular.

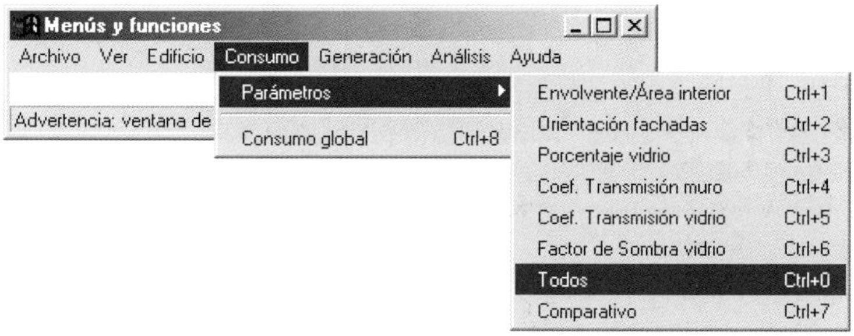

Fig. 3.12. Opciones de análisis de consumos.

La información mostrada en las ventanas de análisis de consumos depende del parámetro concreto considerado, pero todas ellas ofrecen cierta información común:

P = *Valor del parámetro*

Valor del parámetro correspondiente al edificio estudiado y al edificio de referencia. Dependiendo del tipo de parámetro este valor se obtiene a partir de los datos geométricos del edificio o los valores seleccionados por el usuario para los coeficientes de transmisión del muro, vidrio, superficie acristalada, etc.

E ($kWh \cdot m^{-2}$) = *Consumo energético unitario anual*

Estimación de la energía consumida durante un año en el edificio tipo y en el edificio simulado por cada metro cuadrado de superficie útil interior.

$D(P)$ = *Variación del parámetro*

Para estudiar la importancia relativa de cada parámetro, se analizan de forma adimensional mediante su variación porcentual respecto al valor correspondiente al edificio de referencia.

$D(E)$ = *Variación en el consumo de energía anual*

Diferencia entre la energía unitaria consumida en el edificio estudiado y la correspondiente al caso de referencia.

$D(E)/D(P)$ = *Variación energía / Variación parámetro*

Cociente porcentual entre la variación del consumo de energía anual y la variación del parámetro considerado.

Como se verá a continuación, junto con las variables anteriores, algunas ventanas de análisis de consumos incluyen elementos de información adicional como son la superficie de fachadas, superficie interior del edificio, superficie acristalada, etc.

3.7.1 Relación envolvente / Área interior

Uno de los factores más influyentes en el comportamiento energético de un edificio es la relación entre la superficie envolvente exterior y el área útil que esta envolvente encierra, es decir, la relación entre los metros cuadrados de fachadas y la superficie útil de los locales encerrados. Los consumos en climatización o iluminación, por ejemplo, se ven fuertemente determinados por el valor de este parámetro.

Además de la información común descrita en el apartado anterior, la ventana de análisis de este parámetro muestra la altura de piso seleccionada (influye en el número de plantas que puede contener el edificio y, por tanto, en la superficie interior total). También se indica el número de plantas de la parte superior e inferior del edificio, la superficie envolvente en metros cuadrados y la superficie interior total.

Como pone de manifiesto la figura 3.13, el consumo de energía anual por metro cuadrado tiende a aumentar conforme mayor es este parámetro. Esta figura muestra el consumo normalizado anual en función del valor del parámetro. Uno de los dos puntos que se pueden ver en la figura (de color rojo en el original) representa los valores correspondientes al edificio tipo, mientras que el otro punto muestra el resultado de la simulación para el edificio estudiado. En el punto correspondiente a la simulación, la primera coordenada (0,75 en la figura) es el valor del parámetro calculado a partir de las dimensiones del edificio. La segunda coordenada es el valor del consumo unitario anual estimado para ese edificio. Además de estas coordenadas, la parte superior de la figura muestra la variación del parámetro, *D* (*P*), respecto al caso tipo, el incremento de energía, *D* (*E*), respecto al consumo correspondiente al caso tipo, y el cociente *D* (*E*)/*D* (*P*).

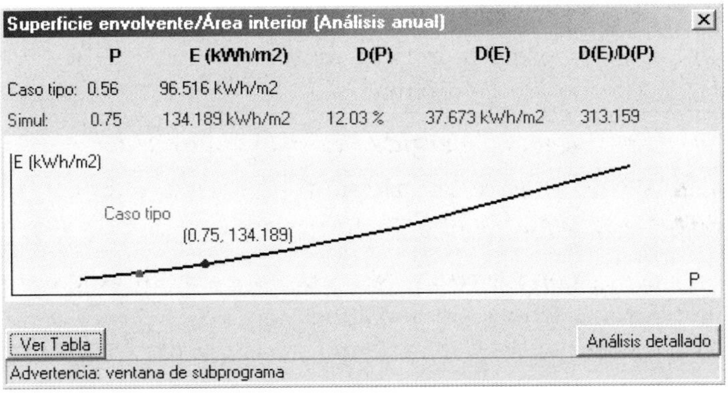

Fig. 3.13. Consumo unitario anual en función de la relación envolvente - área interior.

3.7.2 Orientación de fachadas

La orientación de las fachadas de un edificio influye de manera considerable en el consumo de energía, ya que en función de ella varía la ganancia de radiación solar. El programa calcula el parámetro "*Orientación de fachadas*" como el cociente entre las componentes de superficie de fachadas con orientación norte-sur y este-oeste. Además de la información común a todas las tablas de análisis de parámetros, la ventana de análisis de orientación de fachadas muestra el ángulo de orientación general del edificio con respecto al eje norte-sur.

La curva de evolución del consumo unitario anual respecto a este parámetro muestra que, para valores del parámetro mayores de 2, el consumo permanece prácticamente constante. Sin embargo, si la componente de las fachadas este-oeste aumenta de forma que el parámetro sea menor que 2, el consumo tiende a aumentar exponencialmente (fig. 3.14).

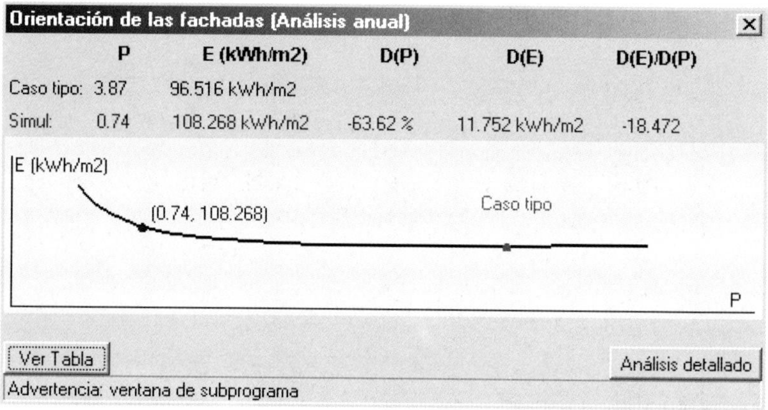

Fig. 3.14. Evolución del consumo unitario en función de la orientación de fachadas.

3.7.3 Porcentaje de vidrio

La superficie acristalada de un edificio influye en diversos factores de consumo, tales como la refrigeración, la calefacción y la iluminación. El análisis de la influencia de la superficie acristalada sobre el consumo se puede realizar considerando un mismo tipo de vidrio (vidrio doble tintado en el caso tipo), y variando la superficie de vidrio del edificio entre un valor mínimo del 12 % y un máximo del 79 % sobre la superficie total de fachadas (estos valores son representativos de edificios existentes en la práctica).

Al ser varios factores de consumo los afectados, el comportamiento energético del edificio con respecto al porcentaje de vidrio no es siempre creciente o decreciente, sino que presenta un valor mínimo que en España suele andar en torno al 30 %. El consumo varía de manera considerable en función del porcentaje de superficie acristalada, presentando un comportamiento de tipo parabólico dividido en varias zonas (fig. 3.15):

- Porcentajes de vidrio menores del 21 % hacen crecer el consumo, debido a las mayores necesidades de iluminación artificial.

- La zona de porcentajes de vidrio comprendidos entre el 21 % y el 40 % muestra un comportamiento de tipo parabólico que presenta un mínimo en torno al 30 %. El consumo en este tramo se mantiene contenido, ya que las necesidades de iluminación y calefacción disminuyen con respecto al tramo anterior.
- Para porcentajes de vidrio superiores al 40 % el consumo de energía se dispara, ya que aumenta la necesidad de refrigeración.

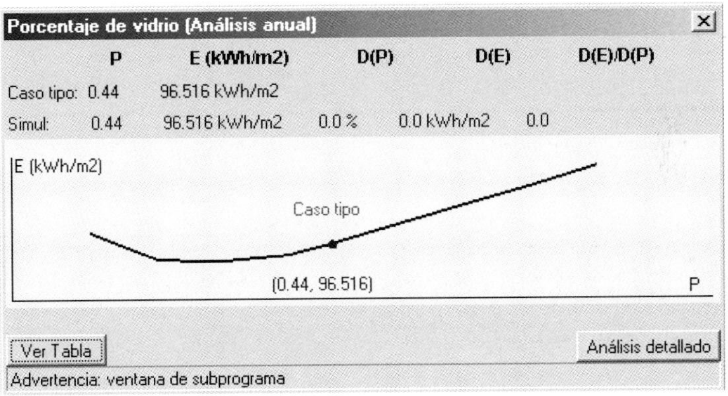

Fig. 3.15. Evolución del consumo unitario anual en función de la superficie acristalada.

3.7.4 Coeficiente de transmisión del muro

Este parámetro considera el coeficiente de transmisión térmica del tipo de muro empleado en el edificio (medido en $W \cdot m^{-2} \cdot °C^{-1}$). Para estimar los resultados, el programa incorpora datos de edificios con 12 tipos de muro que se emplean habitualmente en España para la edificación.

El muro correspondiente al caso tipo es un clásico muro cortina. Este tipo de muro, empleado sobre todo en edificios de oficinas, es muy ligero al estar constituido por materiales livianos, como son la chapa galvanizada y la espuma de poliuretano. Esto hace que presente un comportamiento bastante diferente al de los otros muros considerados, que están formados por materiales más habituales en la edificación general. La variación de espesores y materiales hace que los coeficientes globales de transmisión de los muros sean diferentes.

Como pone de manifiesto la figura 3.16, exceptuando el ligero muro cortina del caso tipo, el comportamiento de todos los demás muros es prácticamente lineal (la recta de color claro mostrada junto a la curva de consumo representa los resultados que se obtendrían si se ignorara el punto singular del edificio tipo).

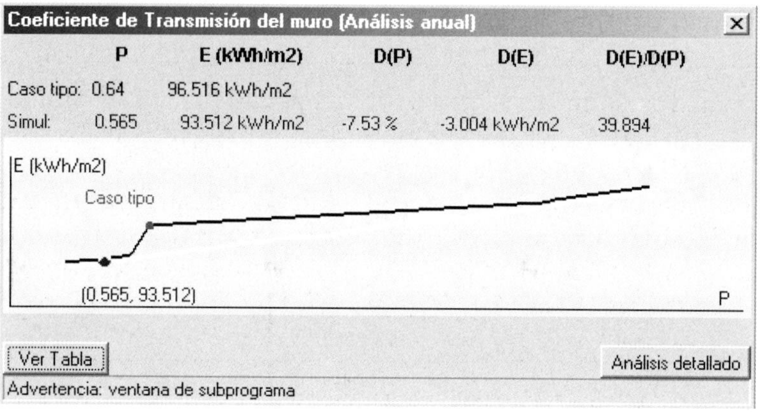

Fig. 3.16. Consumo unitario en función del coeficiente de transmisión del muro.

3.7.5 Coeficiente de transmisión del vidrio

Este apartado permite analizar el consumo energético del edificio en función del coeficiente de transmisión del vidrio empleado. Para ello, se varía el valor desde un máximo de 6,5 $W \cdot m^{-2} \cdot °C^{-1}$ (valor correspondiente a un vidrio sencillo) hasta un mínimo de 1,5 $W \cdot m^{-2} \cdot °C^{-1}$ (los vidrios dobles más avanzados). La representación gráfica de los resultados pone de manifiesto que el comportamiento es prácticamente lineal (fig. 3.17).

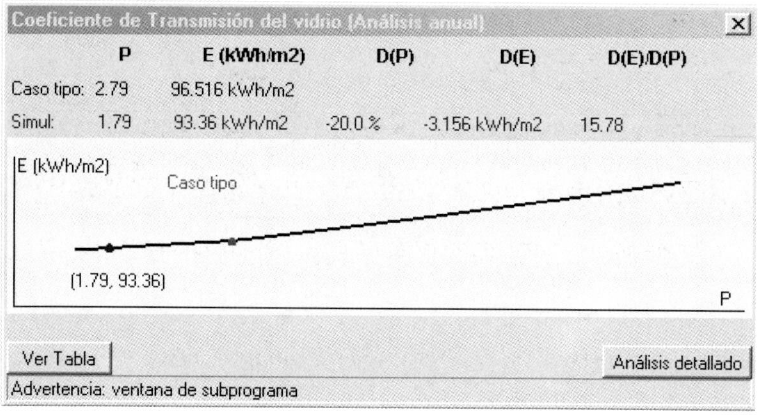

Fig. 3.17. Consumo unitario anual en función del coeficiente de transmisión del vidrio.

3.7.6 Factor de sombra del vidrio

Las propiedades óptico-térmicas del vidrio empleado en el edificio, se pueden considerar analizando simultáneamente su factor de sombra y la transmitancia en el espectro visible del hierro que suelen contener. Para que el análisis sea lo más real posible, se han considerado vidrios fabricados e instalados actualmente en España con factores de sombra entre 0,40 (vidrio reflectante) y 0,96 (vidrio muy transparente, pobre en hierro). La representación gráfica de estos resultados (fig. 3.18) muestra un comportamiento de tipo cuasi-parabólico, con tres zonas de consumo bien diferenciadas:

- *Factores de sombra muy bajos*. La utilización de vidrios que permiten muy poco paso de luz, provoca un aumento del consumo en iluminación y calefacción.
- *Factores de sombra óptimos*. Valores en torno a 0,6 ó 0,7 suelen ser los que presentan un mejor comportamiento energético en países como España.
- *Factores de sombra elevados*. Los vidrios muy transparentes tienen una gran ganancia de radiación solar, lo que suele provocar un aumento del consumo en refrigeración.

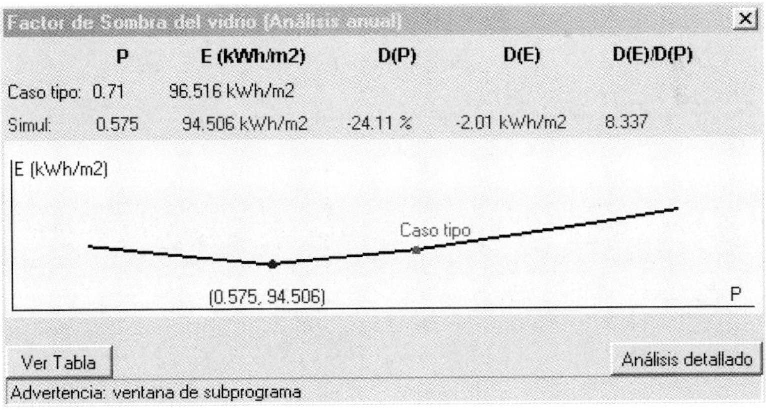

Fig. 3.18. Evolución del consumo unitario anual en función del factor de sombra del vidrio.

3.7.7 Análisis comparativo de influencia de parámetros

Las rutinas de análisis comparativo permiten sopesar la importancia relativa de cada parámetro sobre el consumo del edificio. Para ello, el programa calcula y muestra la variación del consumo unitario anual $D(E)$ en función de la variación porcentual de los seis parámetros respecto al caso tipo, $D(P)$. Una barra de desplazamiento permite seleccionar el valor porcentual del incremento $D(P)$ entre $\pm 100\,\%$. Un incremento del 15 %, por ejemplo, indica que los valores de los seis parámetros son un 15 % superiores a los 6 valores correspondientes al edificio tipo. Incrementos porcentuales negativos indican que los valores de los parámetros son menores que los del edificio tipo. Como se puede ver en la fig. 3.19, los resultados se ofrecen en forma de tablas y gráficos.

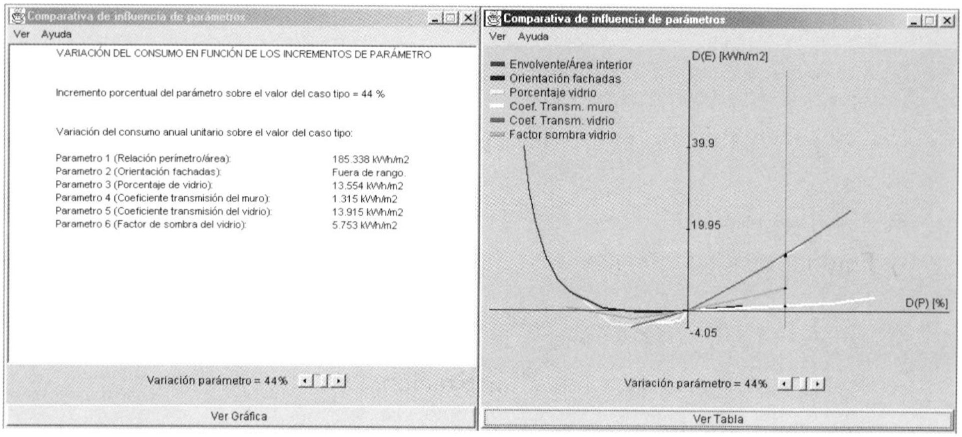

Fig. 3.19. Análisis comparativo de influencia de parámetros sobre el consumo del edificio.

En la figura 3.19, la tabla de la izquierda muestra el incremento de parámetros seleccionado y las variaciones del consumo unitario anual respecto al consumo del edificio tipo. Si el valor de algún parámetro está fuera del rango de variación admisible, el programa muestra un aviso, sin ofrecer estimaciones energéticas para ese parámetro. Las curvas de la derecha representan la evolución de la variación del consumo unitario anual $D(E)$ en función del incremento de cada parámetro $D(P)$. La recta vertical de color gris muestra los puntos de trabajo sobre cada curva. La intersección de esta recta con el eje de abscisas corresponde a la variación de parámetro $D(P)$ seleccionada con la barra de desplazamiento. La intersección de esta recta con las 6 curvas determina las variaciones relativas del consumo. Los valores exactos de las ordenadas correspondientes a ese punto de trabajo se pueden consultar en las tablas.

El menú "*Ver*" permite mostrar u ocultar la curva correspondiente a cada parámetro de forma independiente de las demás. Esta opción resulta especialmente útil para analizar la información mostrada en las curvas, ya que la escala del eje de ordenadas se ajusta automáticamente en función de los valores máximos de los elementos visibles en cada momento.

3.7.8 Análisis de consumos detallados

Todas las ventanas de análisis de parámetros discutidas en los apartados anteriores permiten mostrar un análisis más detallado, donde se presenta el consumo energético unitario anual o mensual del edificio desglosado en los siguientes apartados:

- Iluminación de locales.
- Equipos de oficina (ordenadores, impresoras, fotocopiadoras etc.).
- Calefacción.
- Refrigeración.
- Equipos de refrigeración del fluido empleado en torres de condensación de agua o por aire.
- Bombas y equipos accesorios del sistema de climatización.
- Ventiladores del sistema de climatización.
- Agua caliente sanitaria.
- Equipos de calefacción alimentados por gas natural.
- Agua caliente sanitaria (gas natural).

Todos estos resultados se pueden consultar en varios formatos. Tablas como la de la figura 3.20 muestran el valor del parámetro en función del cual se están haciendo las estimaciones, los consumos unitarios (en $kWh{\cdot}m^{-2}$) estimados para cada uno de los 10 conceptos indicados anteriormente y el consumo unitario anual total. Esta información se ofrece tanto para el caso tipo como para el edificio simulado.

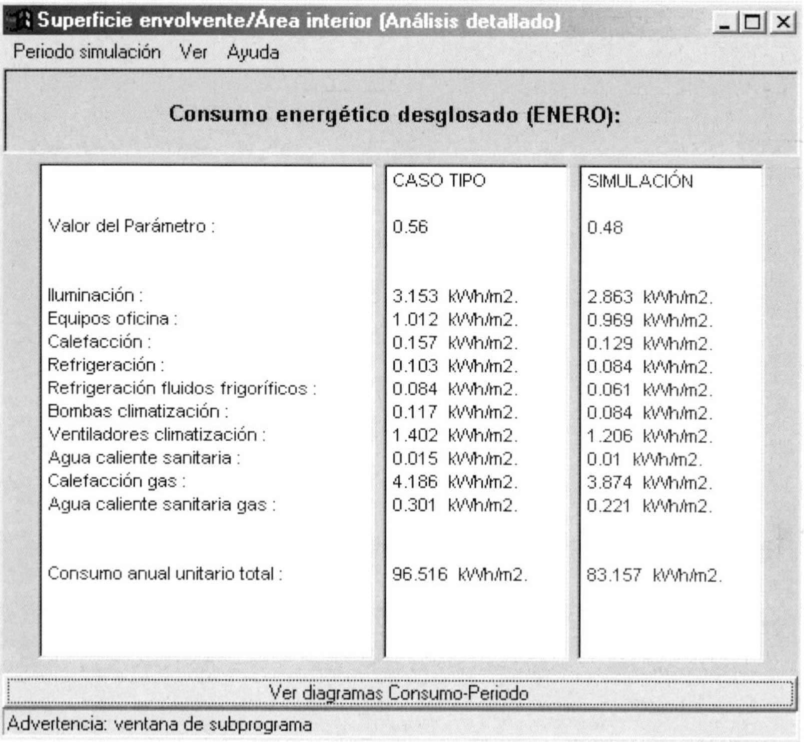

Fig. 3.20. Información mostrada en las tablas de consumos detallados.

Los diagramas "Consumo-Período" muestran un gráfico de barras, con los consumos unitarios correspondientes a cada concepto, durante el período de simulación seleccionado (fig. 3.21).

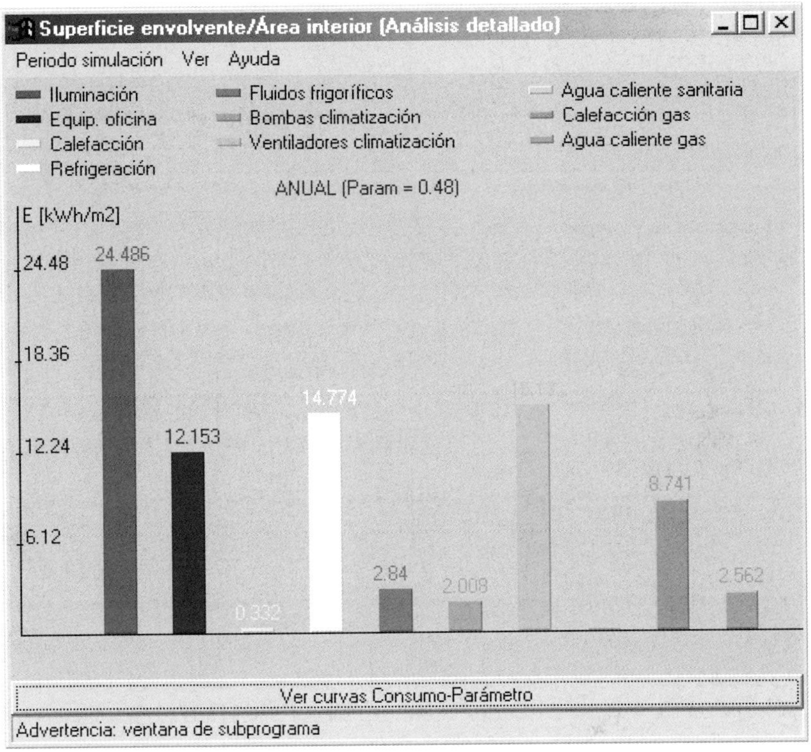

Fig. 3.21. Diagrama de consumos unitarios detallados.

Las curvas "Consumo-Parámetro" representan la evolución del consumo unitario (anual o mensual) en función del valor del parámetro (fig. 3.22).

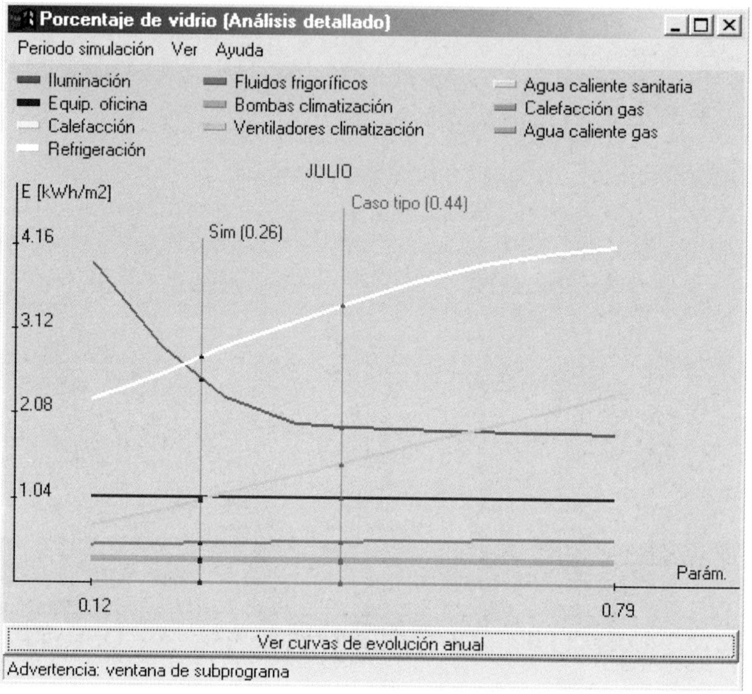

Fig. 3.22. Curvas de consumos detallados en función del porcentaje de vidrio (julio).

En la figura 3.22, el rango de variación admisible para cada parámetro determina la zona de las curvas que son significativas desde el punto de vista de la simulación. El programa no ofrece estimaciones de consumo para valores de parámetros que estén fuera del rango admisible. Dos líneas verticales muestran los puntos de trabajo del edificio tipo y del edificio simulado. La intersección de estas dos rectas con el eje de abscisas se corresponde con los valores del parámetro en el caso tipo y la simulación (estos dos valores se indican entre paréntesis en la parte superior de las rectas). Las intersecciones de estas dos rectas con cada una de las 10 curvas determinan los valores de los consumos unitarios correspondientes a cada concepto. Aunque no se puede apreciar en la figura 3.22, el programa muestra en color rojo los puntos de trabajo del edificio tipo y en azul los del edificio simulado. El valor exacto de la ordenada (consumo unitario) correspondiente a cada punto se puede consultar en las tablas.

Las curvas de evolución anual (fig. 3.23) muestran la evolución de los consumos unitarios detallados a lo largo de un año completo.

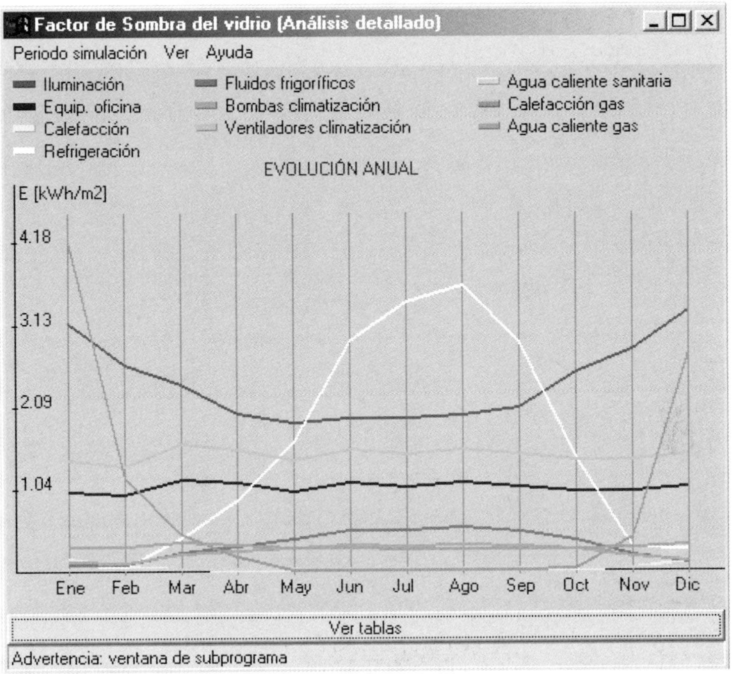

Fig. 3.23. Evolución anual de consumos unitarios detallados (factor de sombra).

La información concreta mostrada en las tablas, diagramas y curvas de análisis detallado depende de las selecciones hechas por el usuario en los menús "*Período de simulación*" y "*Ver*". El menú "*Período simulación*" permite seleccionar el intervalo temporal en que se simula el comportamiento del edificio. Dependiendo del intervalo seleccionado, los resultados corresponderán a un año completo o al mes particular elegido. El menú "*Ver*" permite mostrar u ocultar las estimaciones de consumo de cada concepto independientemente. Esta opción resulta especialmente útil para analizar la información mostrada en curvas y diagramas, ya que la escala se ajusta automáticamente en función de los valores máximos de los elementos visibles en cada momento.

Las estimaciones de consumo ofrecidas por cada una de las seis ventanas de análisis detallado se hacen sólo en función del parámetro considerado, sin tener en cuenta los valores de los otros cinco parámetros. Esto hace que, para un mismo edificio, las seis ventanas de análisis detallado puedan ofrecer estimaciones de consumo dispares. Como se verá a continuación, las rutinas de análisis de consumo global se encargan de evaluar el efecto combinado de los seis parámetros.

3.7.9 Análisis de consumo global

La ventana de consumo global presenta las estimaciones de consumo energético del edificio en MWh. Al igual que en las ventanas de análisis detallado presentadas anteriormente, el período de simulación es seleccionable, y las estimaciones de consumo se ofrecen desglosadas en diez apartados (iluminación, equipos de oficina, etc.). Sin embargo, a diferencia de las estimaciones ofrecidas por las ventanas de análisis detallado (que se hacen analizando cada parámetro de forma independiente), las rutinas de análisis global evalúan el efecto combinado de los seis parámetros sobre el edificio, ofreciendo una estimación de consumo resultado de la interacción de todos los factores que afectan al mismo.

Pinchando sobre el botón existente en la parte inferior de la ventana, los resultados del análisis global de consumos se pueden consultar tanto en formato gráfico como tabular. Las tablas (fig. 3.24) muestran los valores de los seis parámetros, los consumos globales (en MWh) estimados para cada uno de los diez conceptos indicados anteriormente, y el consumo global total (suma de los anteriores) durante el período de simulación. Esta información se ofrece tanto para el caso tipo como para el edificio simulado.

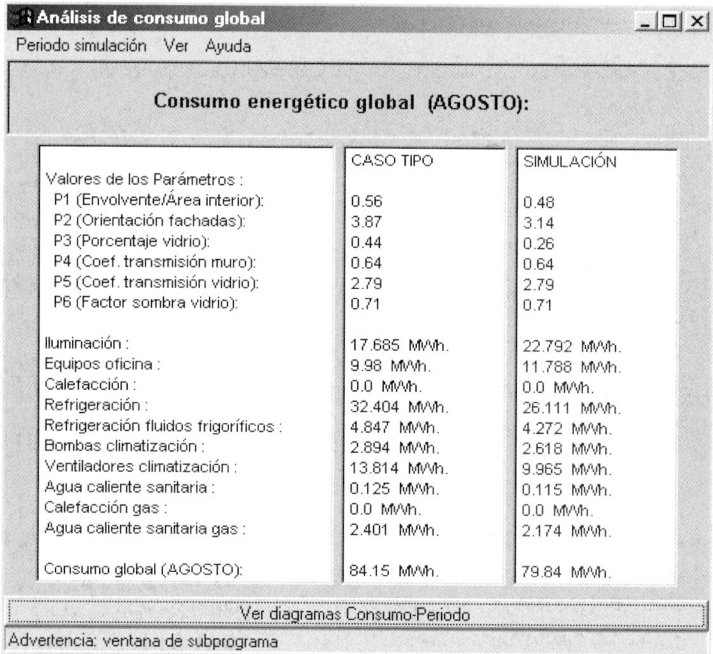

Análisis de consumo global

Periodo simulación Ver Ayuda

Consumo energético global (AGOSTO):

	CASO TIPO	SIMULACIÓN
Valores de los Parámetros :		
P1 (Envolvente/Área interior):	0.56	0.48
P2 (Orientación fachadas):	3.87	3.14
P3 (Porcentaje vidrio):	0.44	0.26
P4 (Coef. transmisión muro):	0.64	0.64
P5 (Coef. transmisión vidrio):	2.79	2.79
P6 (Factor sombra vidrio):	0.71	0.71
Iluminación :	17.685 MWh.	22.792 MWh.
Equipos oficina :	9.98 MWh.	11.788 MWh.
Calefacción :	0.0 MWh.	0.0 MWh.
Refrigeración :	32.404 MWh.	26.111 MWh.
Refrigeración fluidos frigoríficos :	4.847 MWh.	4.272 MWh.
Bombas climatización :	2.894 MWh.	2.618 MWh.
Ventiladores climatización :	13.814 MWh.	9.965 MWh.
Agua caliente sanitaria :	0.125 MWh.	0.115 MWh.
Calefacción gas :	0.0 MWh.	0.0 MWh.
Agua caliente sanitaria gas :	2.401 MWh.	2.174 MWh.
Consumo global (AGOSTO):	84.15 MWh.	79.84 MWh.

Ver diagramas Consumo-Periodo

Advertencia: ventana de subprograma

Fig. 3.24. Tablas de consumos globales correspondientes al mes de agosto.

Al igual que en las ventanas de análisis detallado, los consumos globales se pueden consultar en diagramas "Consumo-Período" (gráficos de barras con los consumos globales en MWh durante el período seleccionado) y curvas de evolución anual (muestran la evolución de los consumos globales del edificio a lo largo de un año completo). La información concreta mostrada en las tablas, diagramas y curvas depende de las selecciones hechas por el usuario en los menús "*Período de simulación*" y "*Ver*".

3.8 Menú "*Generación*"

Las distintas opciones de este apartado están todas relacionadas con la capacidad de generación fotovoltaica del edificio. El usuario dispone de herramientas para definir el tipo, número y colocación de los elementos fotovoltaicos, ventanas para seleccionar el emplazamiento geográfico o las condiciones de la simulación y gráficos para analizar las estimaciones de radiación solar y energía fotovoltaica generada.

3.8.1 Colocación de paneles fotovoltaicos

Esta ventana permite definir el tipo, número y posición de los paneles fotovoltaicos que se van a colocar sobre las fachadas y la cubierta del edificio (fig. 3.25).

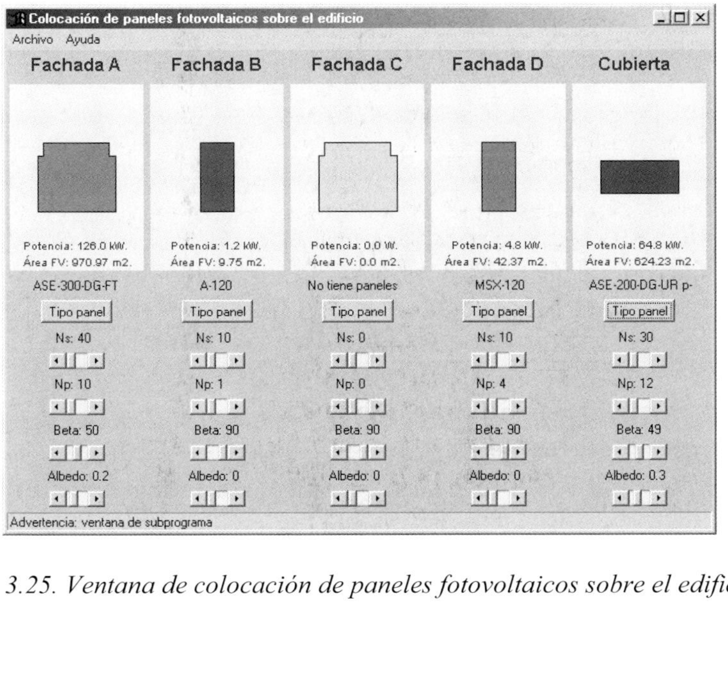

Fig. 3.25. Ventana de colocación de paneles fotovoltaicos sobre el edificio.

Las geometrías de las cuatro fachadas y la cubierta quedan reflejadas en las cinco representaciones gráficas existentes en la parte superior de la ventana (se actualizan automáticamente al modificar la geometría del edificio). Ya que el usuario puede girar el edificio 360 grados, se ha decidido no utilizar una nomenclatura de fachadas basada en su orientación (fachada sur, fachada este, etc.) sino asignarles una letra A-B-C-D siguiendo un criterio propio que se explica en la ayuda del programa. De esta forma, la denominación de las cuatro fachadas no varía aunque el usuario gire el edificio.

Debajo de la representación gráfica de cada fachada hay una serie de botones y barras de desplazamiento para definir el generador fotovoltaico que se desee instalar sobre cada fachada o la cubierta. Al pulsar sobre el botón "*Tipo panel*" se abre una base de datos de paneles fotovoltaicos que permite elegir modelos comerciales concretos. Si se desea utilizar algún tipo de panel no incluido en esta base de datos, es posible definir sus características y utilizarlo en la simulación.

La base de datos de paneles se describirá con mayor detalle en el apartado siguiente, pero en lo que a elección de paneles se refiere, ofrece las dos opciones siguientes:

- El menú "*Archivo-Seleccionar*" permite elegir el modelo de panel cuyas características se estén mostrando en pantalla en ese momento (como se verá más adelante, los botones de navegación o las herramientas de búsqueda permiten moverse de uno a otro panel hasta localizar el deseado).
- El menú "*Archivo-Cancelar*" no selecciona ningún panel para esa fachada, eliminando, además, cualquier modelo de panel que se haya seleccionado anteriormente.

El generador fotovoltaico de cada fachada está constituido por la conexión serie-paralelo de varios paneles del mismo modelo. El número y el tipo de conexión se determinan mediante las barras de desplazamiento "Ns" (número de paneles en serie) y "Np" (número de paneles en paralelo). El número total de paneles instalado en cada fachada es el producto de los valores Ns y Np. A modo de ejemplo, para instalar un generador fotovoltaico compuesto de 15 paneles con 3 ramas en paralelo de 5 paneles en serie cada una, habría que seleccionar unos valores $N\text{s} = 5$ y $N\text{p} = 3$. Nótese que, para instalar un sólo panel, tanto Ns como Np deben ser 1.

La barra de desplazamiento denominada "*beta*" permite elegir la pendiente del grupo de paneles de cada fachada. Una pendiente de 90 grados correspondería a vidrios fotovoltaicos, o a paneles colocados directamente sobre una fachada vertical. El mínimo valor seleccionable (0 grados) correspondería a una estructura de soporte horizontal.

Los factores de albedo de las superficies que rodean a los elementos fotovoltaicos se pueden seleccionar mediante las barras de desplazamiento de la parte inferior. El factor de albedo de una superficie representa la relación entre la energía que difunde por reflexión y la energía incidente, por lo que puede tomar valores comprendidos entre 0 (no hay reflexión) y 1 (reflexión total).

3.8.2 Consultas de la base de datos

El programa contiene una base de datos con las características técnicas de varios módulos fotovoltaicos disponibles actualmente en el mercado. El principal propósito de esta base de datos es facilitar la selección de los modelos concretos de paneles que incorpora el edificio en su cubierta y fachadas, de forma que el usuario no tenga que introducir una por una todas sus características.

La base de datos se puede activar en dos modos de funcionamiento diferentes: "sólo-consulta" o "modo-selección". El modo "sólo-consulta" se activa por medio del menú "*Generación - Consultar base de datos*", y no permite seleccionar paneles sino tan sólo consultar sus características. El "modo-selección" se activa desde la ventana de colocación de paneles descrita anteriormente.

La base de datos de paneles está almacenada en el servidor en un fichero de 102 kbytes. Para acelerar el arranque del programa este fichero no se descarga al iniciar el «applet», sino que sólo se transmite si el usuario desea utilizar la base de datos. La primera vez que se intente abrir la base de datos, el «applet» hace una solicitud al servidor para que envíe su contenido. Una vez recibida, se puede abrir o cerrar sin que sea necesario volver a conectar con el servidor ni descargarla de nuevo.

Al abrir la base de datos se muestran las características del primer módulo fotovoltaico incluido en la misma. Los dos botones inferiores permiten ir navegando por la base de datos, mostrando diferentes modelos de forma consecutiva. En la parte superior del cuadro de texto que muestra la información del panel, se indica el nombre del fabricante y el modelo. El resto de la información está organizada en tres grupos: datos generales, datos técnicos del módulo fotovoltaico y datos técnicos de las células fotovoltaicas individuales que componen el panel. No todos los fabricantes ofrecen datos completos sobre sus productos, por lo que algunos paneles pueden mostrar campos vacíos sin datos.

Además de los dos botones de navegación, el menú "*Buscar-Modelo*" permite seleccionar rápidamente un módulo concreto entre todos los incluidos en la base de datos (fig. 3.26). De forma similar, la opción "*Buscar-Potencia*" ofrece la posibilidad de mostrar directamente algún modelo de potencia nominal dada. Para ocultar la barra de búsquedas y volver a mostrar todos los modelos con los dos botones de navegación, se debe activar el menú "*Buscar - Mostrar todos*".

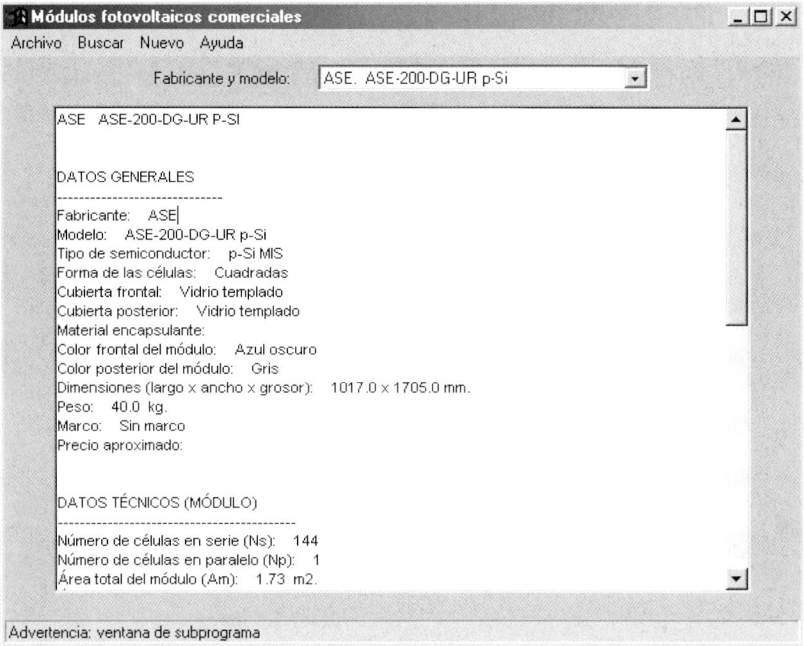

Fig. 3.26. Base de datos de paneles fotovoltaicos. Modo de búsqueda por modelos.

3.8.3 Añadir nuevos paneles a la base de datos

Si la base de datos de paneles no contiene el modelo concreto que se quiera utilizar en la simulación, el usuario deberá proporcionar al programa las características técnicas del nuevo panel, añadiéndolo a la base de datos. Una vez definido, el nuevo panel aparecerá en la base de datos, de forma que pueda ser seleccionado exactamente igual que los otros paneles, sin necesidad de redefinirlo.

Al igual que la base de datos, la ventana de definición de paneles está organizada en tres apartados: datos generales, datos técnicos del módulo fotovoltaico y datos técnicos de las células fotovoltaicas que componen el panel. Los dos botones de la parte inferior permiten seleccionar el apartado concreto donde se introducirán los datos (fig. 3.27).

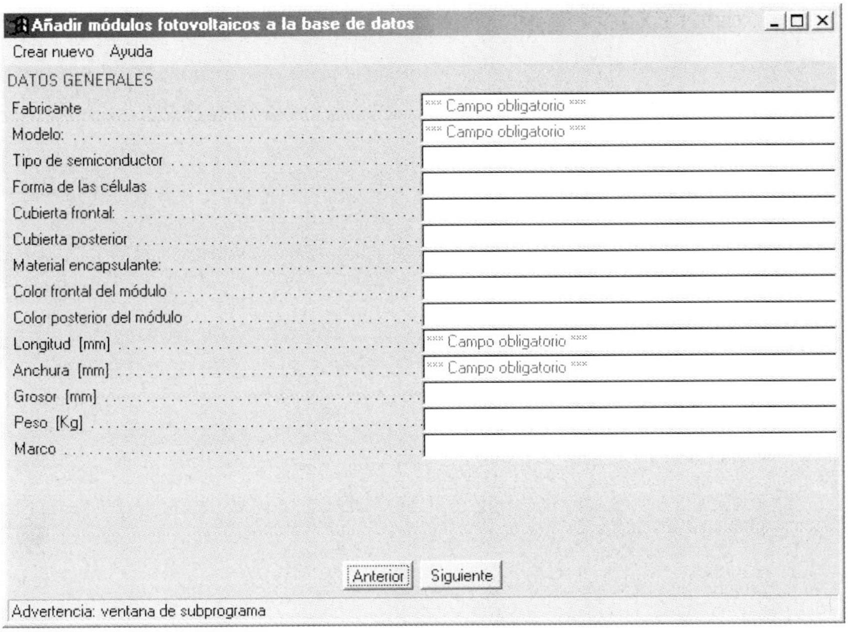

Fig. 3.27. Definición de nuevos modelos de paneles para añadirlos a la base de datos.

Las rutinas de simulación fotovoltaica no utilizan todos los campos de datos que se incluyen en la base de datos, por lo que sólo los campos marcados con la etiqueta "Campo obligatorio" han de ser rellenados forzosamente. El programa no aceptará un nuevo modelo de panel que no incluya información sobre estos campos, ya que entonces no podría simular su comportamiento. Los campos considerados obligatorios son los siguientes:

- Fabricante.
- Modelo.
- Longitud del panel (milímetros).
- Anchura (mm).
- Número de células fotovoltaicas en serie de que consta el panel.
- Número de células en paralelo.
- Potencia nominal del panel (W).
- Temperatura de operación nominal (°C).
- Tensión en circuito abierto de cada célula fotovoltaica (mV).

- Intensidad de cortocircuito de cada célula (A).
- Potencia máxima de cada célula (W).
- Coeficiente de temperatura (% °C^{-1}) de la tensión en circuito abierto de las células fotovoltaicas.

Una vez introducidos todos los datos, el menú *"Crear nuevo - Añadir a base de datos"* permite añadir el nuevo panel a la base de datos. Justo antes de añadirlo, se comprueba el formato de los datos numéricos. Si todo es correcto, el panel se incluye en la base de datos, de forma que pueda ser seleccionado para la simulación. Si se han detectado errores, se pedirá al usuario que los subsane antes de reintentar la operación.

3.8.4 Radiación solar

Las rutinas que calculan la energía generada en los elementos fotovoltaicos del edificio están basadas en estimaciones horarias de la radiación solar incidente. Por este motivo, el programa incorpora algoritmos encargados de estimar la radiación solar que incide sobre cualquier plano. Como se puede apreciar en la figura 3.28, las siguientes cuatro curvas de radiación son mostradas por el programa:

- *Radiación directa*: Componente de radiación constituida por los haces de rayos que se reciben en línea recta con el Sol.
- *Radiación difusa*: Radiación debida a los rayos no directos dispersados por la atmósfera en la dirección del receptor.
- *Radiación de albedo*: Radiación procedente del suelo y superficies colindantes debido a la reflexión de la radiación incidente sobre ellas.
- *Radiación total*: Suma de las tres anteriores.

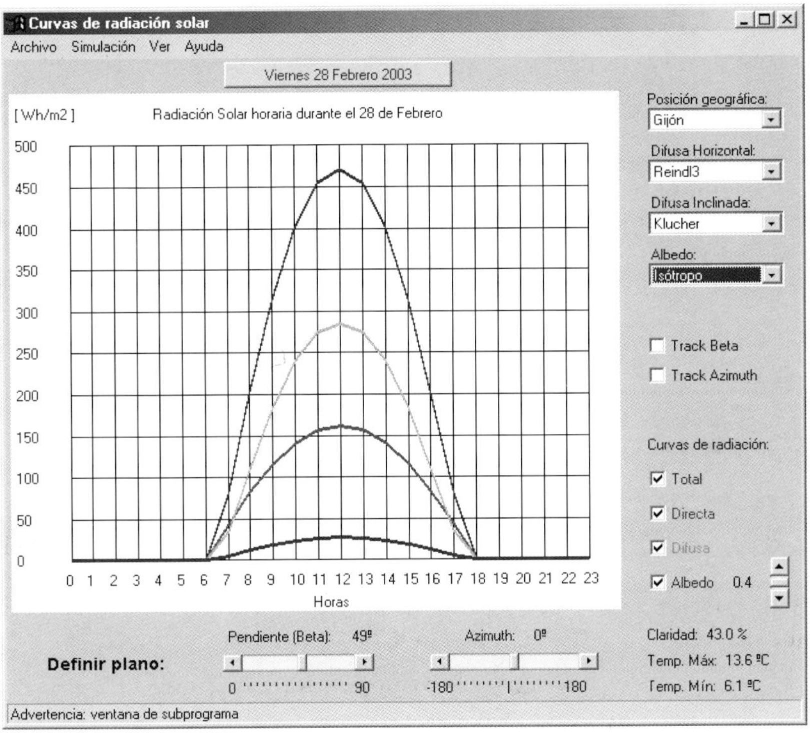

Fig. 3.28. Curvas de radiación solar (directa, difusa, de albedo y total) en un día determinado.

Dependiendo de los valores máximos de las curvas visibles (se pueden mostrar u ocultar a voluntad), la escala de representación sobre el eje de ordenadas se ajusta automáticamente para optimizar el espacio disponible. Los algoritmos internos del programa funcionan manejando estimaciones horarias, pero es posible seleccionar el rango temporal de simulación mediante los menús incorporados al efecto (radiación diaria, mensual en cualquier mes del año, o anual).

El menú "*Ver - Definir plano*" permite estudiar la radiación solar incidente sobre cualquier plano definido por el usuario. Al seleccionar esta opción, las dos barras de desplazamiento de la parte inferior de la ventana se activan de forma que se pueda elegir la pendiente y el azimut de la superficie que se desea analizar. La pendiente viene dada en grados sobre la horizontal, ofreciendo un rango de variación comprendido entre 0° (superficie horizontal) y 90° (vertical). El azimut viene dado en grados con respecto al Sur (0°). Valores de azimut positivos (entre

0° y 180°) corresponden a orientaciones sureste-noreste (+180° es el Norte). De forma similar, valores de azimut negativos comprendidos entre 0° y −180° corresponden a orientaciones suroeste-noroeste (−180° es de nuevo el Norte).

El menú "*Ver - Fachada A*" muestra la radiación solar incidente sobre la fachada A del edificio. Los otros menús de este grupo permiten ver la radiación solar incidente sobre las fachadas B, C, D y la cubierta. Ya que las orientaciones de las fachadas vienen fijadas por la orientación general del edificio, la pendiente y el azimut de las fachadas no se pueden modificar desde la ventana de radiación solar, sino girando todo el edificio. Por este motivo, en este modo de funcionamiento las dos barras de desplazamiento de la parte inferior de la ventana quedan deshabilitadas.

El menú "*Ver - Paneles fachada A*" muestra las curvas de radiación solar incidente sobre el plano que contiene los paneles de la fachada A. Si no hay paneles instalados, se muestra la radiación incidente sobre la propia fachada (lo que es equivalente a la opción "*Ver - Fachada A*"). Los otros menús de este grupo muestran la radiación solar incidente sobre los planos que contienen los paneles de las fachadas B, C, D y la cubierta. La pendiente y el azimut de los planos que contienen los paneles vienen determinados por el ángulo de orientación general del edificio y por los valores de pendiente seleccionados en la ventana de colocación de paneles. Por este motivo, las dos barras de desplazamiento de la parte inferior de la ventana quedan inutilizadas al activar este menú.

Existen varios algoritmos de estimación de radiación solar que, aunque similares, ofrecen comportamientos ligeramente diferentes. Tanto la ventana de radiación como la de generación fotovoltaica permiten seleccionar el algoritmo de cálculo de la radiación difusa horizontal y sobre plano inclinado que internamente utilizará el programa. El anexo B incluido en el CD-ROM ofrece más información sobre los algoritmos implementados en el programa.

Las dos casillas denominadas "*Track Beta*" y "*Track azimut*" permiten realizar estimaciones de radiación solar sobre superficies con seguimiento en uno o dos ejes. Activando la primera casilla, el programa hace los cálculos considerando que la superficie varía su pendiente para seguir en todo momento la trayectoria solar. La segunda casilla simula superficies que varían su azimut para seguir al Sol. Si las dos casillas están activadas, el programa asume que se realiza seguimiento sobre los dos ejes simultáneamente.

Como es lógico, la energía incidente sobre una superficie no sólo depende de su orientación, sino también de la fecha y de la posición geográfica donde esté colocada. El programa incorpora las coordenadas y datos meteorológicos de las principales ciudades españolas, de forma que puedan ser seleccionadas fácilmente.

Para cada emplazamiento elegido, la ventana de radiación solar muestra el índice de claridad y los valores de temperaturas máxima y mínima correspondientes. En el modo de funcionamiento obtenido al activar el menú "*Ver - Definir plano*", se puede elegir cualquier ciudad. Sin embargo, al visualizar la radiación incidente sobre las fachadas o los planos de paneles, automáticamente se muestran los resultados correspondientes al emplazamiento geográfico elegido en la ventana de generación fotovoltaica. En lo que se refiere a las fechas de simulación, pulsando sobre el botón de la parte superior de la ventana, se activa un calendario universal donde se puede elegir cualquier fecha (fig. 3.29).

Fig. 3.29. Calendario universal para seleccionar fechas de simulación.

3.8.5 Generación fotovoltaica

Una vez que el usuario haya definido las características del generador fotovoltaico instalado sobre el edificio, el programa está en condiciones de calcular la energía eléctrica que se puede generar. Los cálculos se hacen en cómputo horario, utilizando la información proporcionada por las rutinas de estimación de la radiación solar incidente sobre las fachadas y cubierta del edificio. A partir de estos valores horarios, el programa ofrece estimaciones energéticas en cómputo diario, mensual o anual (fig. 3.30).

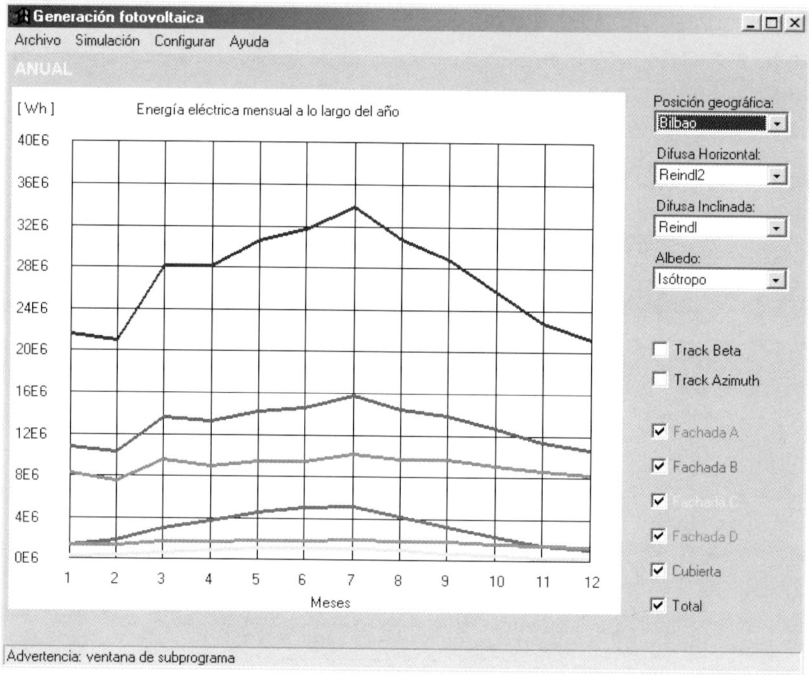

Fig. 3.30. Curvas anuales de energía fotovoltaica generada en el edificio.

Como se puede ver en la figura 3.30, el programa muestra 6 curvas de energía eléctrica generada en el edificio. Las cinco primeras corresponden a los paneles de las cuatro fachadas y la cubierta. La curva de la parte superior es la suma de todas las anteriores, y representa la energía fotovoltaica total.

Varios de los elementos presentes en la ventana de generación fotovoltaica son comunes a la ventana de radiación solar (los modelos de estimación de la radiación difusa, el calendario universal o las opciones de seguimiento en uno o dos ejes, por ejemplo). La posición geográfica donde se simula el comportamiento del edificio puede elegirse de una lista que contiene las principales ciudades españolas. El programa dispone de datos meteorológicos de todas estas ciudades, proporcionados por el Instituto Nacional de Meteorología. El índice de claridad y las temperaturas extremas del emplazamiento elegido se muestran en la parte inferior de la ventana.

Si se desea realizar la simulación en un emplazamiento geográfico diferente a los ofrecidos por el programa, el menú "*Configurar - Nueva posición geográfica*" permite definir las características del nuevo emplazamiento. Además de las condiciones meteorológicas típicas de la nueva posición, el programa necesita conocer el nombre de ésta, su latitud, longitud, y altura en metros sobre el nivel del mar (fig. 3.31).

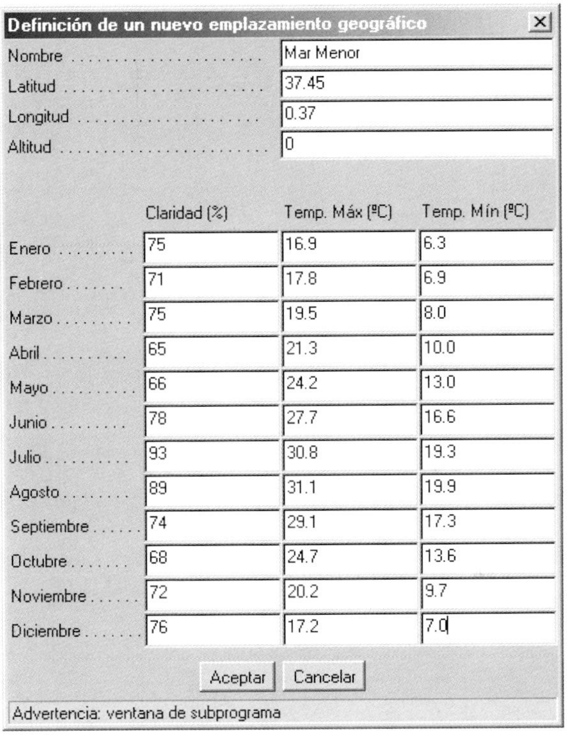

Fig. 3.31. Ventana de definición de nuevos emplazamientos geográficos.

La ventana mostrada en la figura 3.31 contiene casillas para introducir previsiones meteorológicas correspondientes al nuevo emplazamiento. Si no se desea crear un emplazamiento nuevo, pero sí ajustar las condiciones meteorológicas de uno dado, el menú "*Configurar - Meteorología*" muestra los datos meteorológicos que el programa está utilizando para el emplazamiento elegido, permitiendo modificarlos a voluntad. Además del nombre y las coordenadas del lugar, se muestran el índice de claridad y las temperaturas máxima y mínima, en grados centígrados, para los doce meses del año (fig. 3.32).

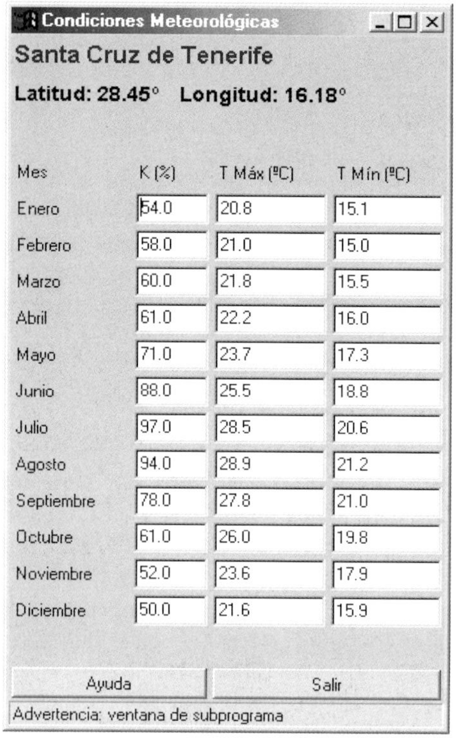

Mes	K (%)	T Máx (ºC)	T Mín (ºC)
Enero	54.0	20.8	15.1
Febrero	58.0	21.0	15.0
Marzo	60.0	21.8	15.5
Abril	61.0	22.2	16.0
Mayo	71.0	23.7	17.3
Junio	88.0	25.5	18.8
Julio	97.0	28.5	20.6
Agosto	94.0	28.9	21.2
Septiembre	78.0	27.8	21.0
Octubre	61.0	26.0	19.8
Noviembre	52.0	23.6	17.9
Diciembre	50.0	21.6	15.9

Fig. 3.32. Ventana de ajuste de condiciones meteorológicas.

Además de su utilidad como fuente de información para conocer los datos meteorológicos que internamente utiliza el programa, la ventana de condiciones meteorológicas también sirve para ajustar los valores de la simulación introduciendo posibles datos de que disponga el usuario. Antes de aceptar nuevos valores, el programa hace una comprobación de errores de formato y rangos de variación admisibles. El índice de claridad debe ser un valor porcentual comprendido entre 0 % y 100 %, mientras que las temperaturas pueden estar comprendidas entre –20 °C y 100 °C.

3.9 Menú "*Análisis*"

Bajo la denominación "*Análisis*" se engloban una serie de herramientas que facilitan la interpretación de resultados para evaluar el comportamiento energético del edificio. Las rutinas de análisis se han dividido en dos grupos. El primero recoge información de las estimaciones de consumo y generación fotovoltaica que se han venido comentando, calculando así el balance energético del edificio en cómputo anual. El segundo grupo de herramientas utiliza la información del balance energético para realizar previsiones económicas a lo largo de un período de explotación del edificio de 30 años.

3.9.1 Balance consumo-generación

La ventana de balance energético anual muestra las estimaciones de consumo y de generación fotovoltaica del edificio, calculando el balance como diferencia de ambas. El criterio de signos empleado hace que balances negativos correspondan a edificios donde se consume más energía de la que se genera.

El balance energético del edificio se muestra en cómputo anual desglosado mes a mes. Los valores resultantes se obtienen de los algoritmos que calculan el consumo global del edificio y la energía fotovoltaica generada. Estos valores vienen dados en MWh, y se pueden consultar en tablas o gráficos como el mostrado en la figura 3.33.

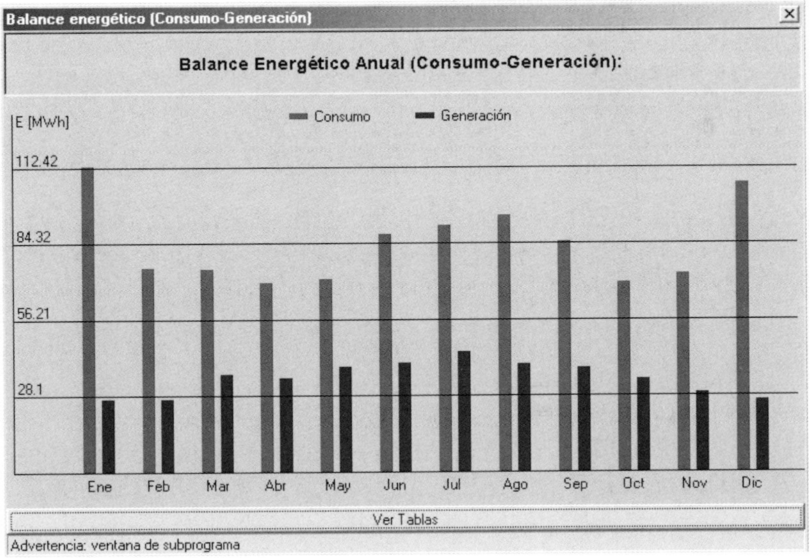

Fig. 3.33. Balance energético mensual del edificio a lo largo de un año completo.

3.9.2 Análisis económico

Una de las barreras que limitan la expansión de los sistemas fotovoltaicos integrados en edificios es cómo recopilar y presentar datos financieros para convencer al cliente de que realmente merece la pena invertir su dinero. Por este motivo, no es de extrañar que las herramientas de análisis económico jueguen un papel importante en el simulador *Foto-RED*.

A la hora de hacer simulaciones económicas de EFCR hay algunos factores que son fácilmente identificables y evaluables en términos económicos (inversiones en equipos fotovoltaicos, ingresos por venta de energía generada, ahorros en materiales de construcción, etc.), por lo que se pueden introducir fácilmente en el simulador. Otros efectos indirectos (reducción de emisiones contaminantes, mejora en la calidad y estabilidad del suministro eléctrico del edificio, estética, etc.) son más difíciles de precisar, lo que dificulta su evaluación por medio de simulación.

Los métodos de análisis económico más habituales suelen considerar el tiempo de reembolso de la inversión inicial, los beneficios netos de la operación, el factor de relación entre la inversión y el ahorro esperado, la tasa interna de retorno o el coste del ciclo de vida del proyecto. Sin embargo, a efectos de evaluación económica, cualquier proyecto de inversión depende básicamente del horizonte temporal y de los movimientos de fondos (ingresos y pagos realizados a lo largo de la vida del proyecto). Siguiendo esta filosofía, las herramientas de análisis económico implementadas en el programa *Foto-RED* recogen la información generada por las rutinas que calculan el balance energético del edificio, ofreciendo estimaciones sobre el comportamiento económico del mismo para un período de 30 años.

El menú "*Configurar - Precios y previsiones*" permite seleccionar las tarifas aplicables a la energía eléctrica comprada o vendida a la red, el precio del gas natural, y todos aquellos parámetros de tipo económico que afectan a la simulación. En concreto, estos son los factores económicos considerados por el programa:

– *Coste de la instalación fotovoltaica por vatio-pico*

  Este coste unitario considera los gastos derivados de la adquisición e instalación de los paneles fotovoltaicos, inversores y demás equipamiento necesario para el correcto funcionamiento de la instalación fotovoltaica. Considerando este precio unitario y la potencia total de los paneles instalados, el programa calcula el coste asociado, asumiendo que la inversión se hace en un único desembolso inicial en el año cero de la simulación.

– *Porcentaje de la energía generada que se vende a la red*

Parte de la energía fotovoltaica generada podría ser consumida en el propio edificio sin llegar, por tanto, a ser vendida a la red. Si, como sucede actualmente en España, las tarifas de compra y venta de energía priman la energía fotovoltaica, la mejor política desde el punto de vista del usuario es vender toda la energía producida a la red.

– *Rendimiento medio del inversor*

Este apartado considera las pérdidas de potencia efectiva derivadas de utilizar inversores para conectar la instalación fotovoltaica a la red eléctrica. La selección del rendimiento global medio del inversor se realiza desde la ventana de análisis fotovoltaico.

– *Pérdida de rendimiento de módulos fotovoltaicos e inversores por envejecimiento*

Este valor negativo representa la pérdida de potencia anual que se puede esperar debido al progresivo deterioro de los paneles solares, cableado, inversores y demás equipos de la instalación. Para mayor simplicidad, se considera que esta pérdida de eficacia se distribuye uniformemente a lo largo de todos los años de la simulación.

– *Estimación de la evolución anual del consumo*

Variación porcentual del consumo anual con relación al consumo del primer año. Este valor puede ser positivo o negativo. Una variación del 0% indica que el consumo anual del edificio se mantendrá constante a lo largo de los 30 años de simulación. Valores positivos indican que el consumo ofrecerá una tendencia ascendente. Los valores negativos corresponderían a edificios donde el consumo tienda a disminuir con el paso del tiempo.

– *Precio de compra del kWh de la red*

Precio inicial (en unidades monetarias) del kilovatio-hora comprado a la red. Este precio corresponde al primer año de la simulación. Se va actualizando con la información proporcionada en el apartado de evolución del precio de compra de energía eléctrica.

– *Precio de compra del kWh equivalente de gas natural*

Parte de las estimaciones de consumo ofrecidas por el programa corresponden a gas natural y no a electricidad. El programa calcula las facturas de estos consumos de gas con el precio unitario dado en este apartado. Es frecuente que las compañías suministradoras tarifiquen los consumos de gas de sus clientes en metros cúbicos o en kWh equivalentes.

- *Estimación de la evolución anual del precio de compra del kWh de la red*

  Este apartado representa la evolución esperada de los precios de compra de la energía eléctrica procedente de la red. Es una variación de precios porcentual con respecto al precio del primer año, y se considera distribuida uniformemente a lo largo del período de simulación económica (30 años).

- *Evolución anual del precio de compra del kWh equivalente de gas natural*

  Este apartado representa la evolución esperada de los precios de compra del gas natural. Es una variación de precios porcentual con respecto al precio del primer año, y se considera distribuida uniformemente a lo largo del período de simulación económica.

- *Precio de venta del kWh inyectado en la red*

  Este es el precio que, durante el primer año, la Compañía eléctrica deberá pagar al propietario del edificio por cada kWh de energía fotovoltaica inyectado en la red. Este precio se va actualizando cada año con el valor seleccionado en el apartado siguiente.

- *Estimación de la evolución anual del precio de venta del kWh*

  Este valor representa las previsiones de variación del precio de la energía fotovoltaica vendida a la red. Es un valor porcentual relativo al precio del primer año, aplicándose de forma uniforme a lo largo de los 30 años de la simulación.

- *Estimación de la inflación interanual*

  Este valor permite considerar la variación del valor del dinero con el paso del tiempo, convirtiendo los flujos de fondos anuales a moneda del año 0 de la simulación.

Partiendo de las estimaciones anuales de consumo y energía fotovoltaica generada, el programa calcula las facturas eléctricas anuales en las unidades monetarias definidas por el usuario. Tablas como la de la figura 3.34 muestran las facturas anuales de explotación del edificio sin generador fotovoltaico, con paneles fotovoltaicos, y los flujos de fondos derivados de la instalación y utilización del generador fotovoltaico. El flujo de fondos negativo del año 0 representa la inversión inicial necesaria para adquirir e instalar el generador fotovoltaico. Los flujos de fondos positivos de los demás años representan los ahorros económicos obtenidos por la energía fotovoltaica generada.

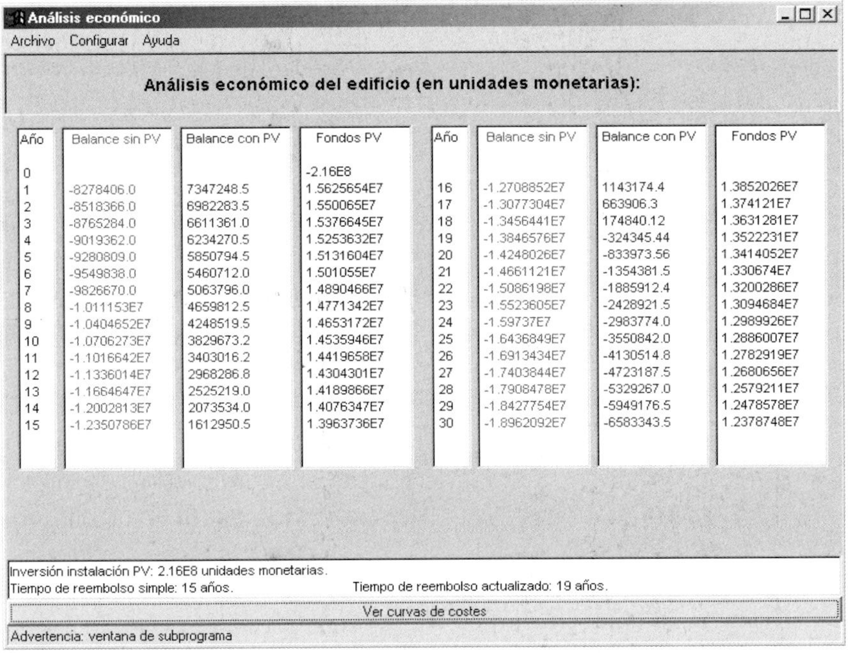

Año	Balance sin PV	Balance con PV	Fondos PV	Año	Balance sin PV	Balance con PV	Fondos PV
0			-2.16E8				
1	-8278406.0	7347248.5	1.5625654E7	16	-1.2708852E7	1143174.4	1.3852026E7
2	-8518366.0	6982283.5	1.550065E7	17	-1.3077304E7	663906.3	1.374121E7
3	-8765284.0	6611361.0	1.5376645E7	18	-1.3456441E7	174840.12	1.3631281E7
4	-9019362.0	6234270.5	1.5253632E7	19	-1.3846576E7	-324345.44	1.3522231E7
5	-9280809.0	5850794.5	1.5131604E7	20	-1.4248026E7	-833973.56	1.3414052E7
6	-9549838.0	5460712.0	1.501055E7	21	-1.4661121E7	-1354381.5	1.330674E7
7	-9826670.0	5063796.0	1.4890466E7	22	-1.5086198E7	-1885912.4	1.3200286E7
8	-1.011153E7	4659812.5	1.4771342E7	23	-1.5523605E7	-2428921.5	1.3094684E7
9	-1.0404652E7	4248519.5	1.4653172E7	24	-1.59737E7	-2983774.0	1.2989926E7
10	-1.0706273E7	3829673.2	1.4535946E7	25	-1.6436849E7	-3550842.0	1.2886007E7
11	-1.1016642E7	3403016.2	1.4419658E7	26	-1.6913434E7	-4130514.8	1.2782919E7
12	-1.1336014E7	2968286.8	1.4304301E7	27	-1.7403844E7	-4723187.5	1.2680656E7
13	-1.1664647E7	2525219.0	1.4189866E7	28	-1.7908478E7	-5329267.0	1.2579211E7
14	-1.2002813E7	2073534.0	1.4076347E7	29	-1.8427754E7	-5949176.5	1.2478578E7
15	-1.2350786E7	1612950.5	1.3963736E7	30	-1.8962092E7	-6583343.5	1.2378748E7

Fig. 3.34. Tablas de comportamiento económico del edificio.

Diagramas como el de la figura 3.35 muestran las facturas eléctricas previstas durante los 30 años de simulación con o sin generador fotovoltaico. En la parte inferior de la ventana aparece información relacionada con el desembolso inicial necesario para instalar el generador fotovoltaico y los tiempos de reembolso previstos.

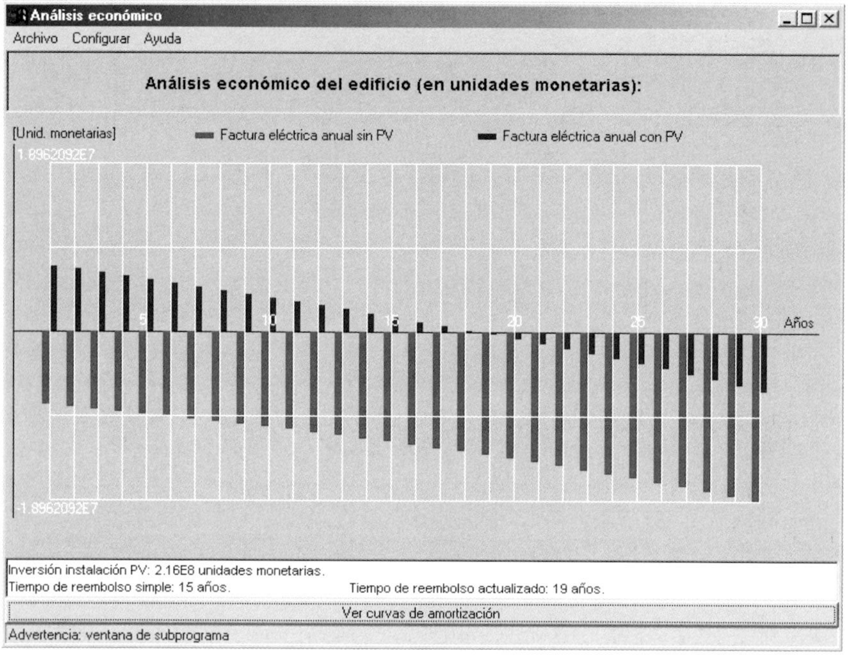

Fig. 3.35. Facturas anuales del edificio con y sin generador fotovoltaico.

Las curvas mostradas en la figura 3.36 facilitan el análisis de períodos de reembolso de la inversión realizada en equipos fotovoltaicos, lo que permite calcular los tiempos de reembolso simple y actualizado, así como posibles beneficios futuros.

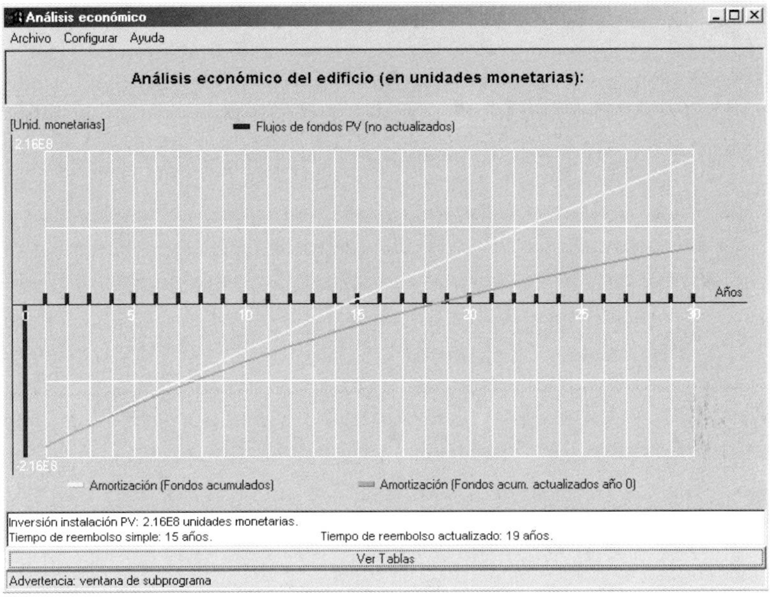

Fig. 3.36. Curvas de amortización de la inversión en equipos fotovoltaicos.

En la figura 3.36, la curva de color claro muestra un diagrama de flujos de fondos acumulados sin actualización. A la inversión inicial del año 0 (barra de valor negativo) se le van deduciendo los ahorros anuales producidos por la venta o consumo de la energía fotovoltaica producida en el edificio (barras positivas). Los valores resultantes no se actualizan al año 0 sino que se mantienen en moneda del año simulado. El punto de corte de esta curva con el eje de abscisas determina el "Tiempo de Reembolso Simple" (T.R.S.), es decir, el número de años que deben transcurrir para recuperar la inversión inicial. La curva de color más oscuro representa el diagrama de flujo de fondos acumulado y actualizado al año 0. Los ahorros previstos para cada uno de los 30 años se convierten a moneda del año 0 teniendo en cuenta la inflación interanual fijada. El punto de paso de esta curva por cero determina el "Tiempo de Reembolso Actualizado" (T.R.A.) de la inversión inicial. Si además de la pérdida de valor del dinero se quieren tener en cuenta posibles gastos derivados de la devolución de intereses de préstamos para montar el equipo fotovoltaico, la R.M.A. (Rentabilidad Mínima Aceptable) de la inversión para el propietario del dinero, etc., el valor introducido en el apartado de inflación podría contener la suma de la inflación más los valores porcentuales que describan el comportamiento previsto, lo que generaría tiempos de reembolso actualizado más ajustados.

3.10 Documentos del menú "*Ayuda*"

Toda la información de ayuda disponible en el simulador está organizada en diversos apartados que explican desde datos generales sobre el programa hasta condiciones de simulación y detalles particulares de cada parámetro (fig. 3.37). La información de ayuda se muestra en ventanas HTML independientes, las cuales se pueden mantener abiertas durante la simulación (son gestionadas por el propio navegador que ejecuta el «applet»). Existen un total de 25 documentos HTML en el servidor, que sólo son descargados individualmente a petición del usuario. También es posible consultar estos documentos de ayuda sin ejecutar el programa, por medio de los enlaces ofrecidos en la página de arranque del «applet».

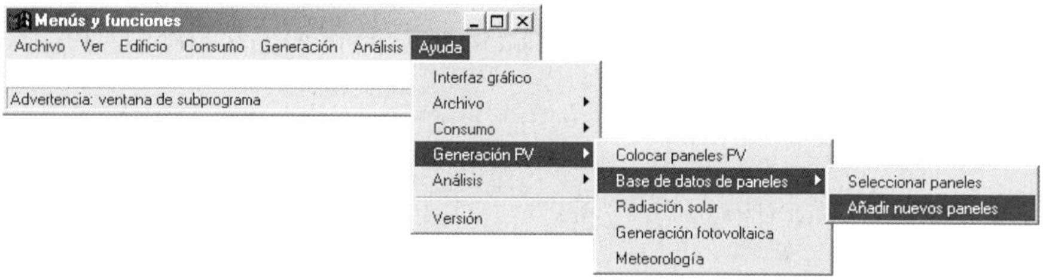

Fig. 3.37. Menús para mostrar páginas HTML conteniendo ayudas del programa.

3.11 Configuración mínima para ejecutar el programa e idiomas soportados

La independencia de la plataforma ofrecida por el lenguaje Java permite que el simulador pueda ser ejecutado en cualquier máquina y sistema operativo, siempre que disponga de un navegador "web" compatible con Java 1.1 o superior. Algunas de las prestaciones del programa requieren compatibilidad con Java 1.2, pero esto no impide que pueda ser ejecutado en cualquier versión anterior de Java 1.1.x. El propio simulador se encarga de detectar la versión del navegador del usuario, deshabilitando las opciones incompatibles para evitar errores en tiempo de ejecución. Los usuarios que dispongan de navegadores actualizados podrán disponer de todas las funciones del programa, mientras que con los navegadores más antiguos podrán utilizar el simulador a excepción de algunas utilidades dedicadas a guardar o recuperar simulaciones de forma local, utilizar modelos alámbricos transparentes en la representación del edificio, etc.

En el momento de escribir este capítulo, las últimas versiones sobre las que se ha probado el simulador han sido Internet Explorer 6.0 y Netscape 6.1. Este último navegador con el "Java plug-in" 1.3.0_01 ha permitido ejecutar todas las funciones del programa. Las versiones más recientes de estos navegadores se encuentran en *http://home.netscape.com/download* y en *www.microsoft.com/download.* Si por cualquier motivo se desea conservar un navegador antiguo en vez de cambiarlo por uno nuevo, es posible actualizarlo instalando un "Java plug-in" sobre el navegador (se puede encontrar más información en *www.javasoft.com*).

La descarga completa del simulador a través de la red Internet puede requerir varios minutos hasta comenzar la ejecución del programa (el código se transmite en un sólo fichero comprimido de 334 kbytes), aunque lógicamente dependerá de la velocidad de la conexión de cada usuario. Una vez descargado todo el código, es posible cortar la conexión y ejecutar el programa en modo local, aunque algunas funciones como la inicialización de la base de datos de paneles o la apertura de ejemplos y documentos de ayuda requieren establecer nuevas conexiones con el servidor (se muestran mensajes de error informando al usuario en caso de que la conexión no esté abierta). Si el programa se ejecuta desde el CD-ROM incluido con esta publicación, no es preciso disponer de conexión a Internet.

Las rutinas que ofrecen resultados de simulación en cómputo anual requieren una potencia de cálculo considerable, ya que manejan valores horarios. Como se describe en el anexo B del CD-ROM, para aumentar la velocidad de ejecución del programa se han programado con especial cuidado las rutinas consideradas "críticas", de forma que sólo se calcule la información que el usuario ha solicitado mostrar en pantalla. Con máquinas de mediana potencia (CPUs superiores a 1 GHz y 256 Mbytes de RAM) las esperas durante los cálculos de simulación anual suelen ser de unos pocos segundos. Estos tiempos de espera serán mayores en máquinas de menor potencia, sin que ello suponga otras limitaciones al funcionamiento del programa.

La página de arranque del simulador permite seleccionar hasta cuatro resoluciones gráficas diferentes (entre 640 × 480 píxeles y 1280 × 1024 píxeles) de la ventana principal del programa. Para obtener una correcta visualización de todas las ventanas se recomienda configurar el monitor a 800 × 600 píxeles como mínimo.

Dado que el programa pretende llegar al mayor número posible de usuarios a través de la red Internet, además de la versión española original se ha desarrollado una versión en inglés (también incluida en el CD-ROM) a la que se puede acceder desde la misma página de arranque. Tanto la propia página de arranque como la interfaz del programa y todos los documentos de ayuda se han traducido y alojado en rutas del servidor independientes de la versión española, de forma que constituyen dos versiones diferentes en vez de una sola versión multilingüe que aumentaría el tiempo de descarga.

Capítulo 4: Ejemplos de aplicación del simulador Foto-Red v2.1

Este capítulo muestra algunos ejemplos de aplicación del programa *Foto-RED*, simulando el comportamiento energético de varios edificios existentes en la realidad. El principal propósito de estos ejemplos es mostrar la filosofía de trabajo y las posibilidades del simulador, pero también han servido para obtener varias reflexiones interesantes sobre el potencial de la tecnología fotovoltaica en el mundo de la edificación. Ya que para alguno de estos edificios ha sido posible obtener medidas reales de consumo y generación fotovoltaica, los ejemplos aquí presentados servirán también como material preliminar introductorio del anexo C (incluido en el CD-ROM), que contiene varios estudios de validación del simulador.

4.1 Biblioteca de la UNED (Madrid)

El edificio mostrado en la figura 4.1 se encuentra situado en Madrid y es utilizado como biblioteca por la Universidad Nacional de Educación a Distancia (UNED). Se han obtenido datos precisos sobre sus dimensiones, orientación y principales características, pero ha sido necesario asignar valores por defecto a algunas variables desconocidas. Estos son los valores utilizados para su simulación:

- Longitud: 33,5 metros. Anchura: 33,5 metros. Altura: 31,0 metros.
- Orientación: La fachada principal está orientada 6° al Noreste.
- Número de plantas: El edificio consta de una planta baja, siete plantas intermedias y una planta superior sin ventanas. En total 9 plantas.
- Se asume que todas las plantas tienen la misma altura: 3,44 metros.
- Porcentaje de superficie de fachadas cubierta de vidrio: 21,16 %.
- Coeficiente de transmisión de muros exteriores: 0,610 $W \cdot m^{-2} \cdot {}^{\circ}C^{-1}$.
- Coeficiente de transmisión de vidrios exteriores: 3,5 $W \cdot m^{-2} \cdot {}^{\circ}C^{-1}$.
- Factor de sombra del vidrio: 0,71.

4.1.1 Análisis de consumos

Como ya se explicó en el capítulo 3, el programa realiza el análisis de consumos del edificio en varias fases. En primer lugar, utiliza la información geométrica y los datos introducidos por el usuario para calcular el valor de los seis parámetros que determinan el consumo total del edificio. A partir de estos valores el simulador estima los consumos unitarios (en $kWh \cdot m^{-2}$) en función de cada parámetro y de forma individual. Una vez obtenida esta información, el programa calcula el consumo global del edificio considerando el efecto combinado de todos los parámetros.

Fig. 4.1. Biblioteca de la UNED (Madrid).

4.1.1.1 Relación superficie envolvente - área interior

Este parámetro representa la relación entre la superficie exterior del edificio y el área útil encerrada. Su valor es obtenido por el programa una vez que el usuario ha definido las características geométricas del edificio considerando la superficie interior de todas las plantas (fig. 4.2).

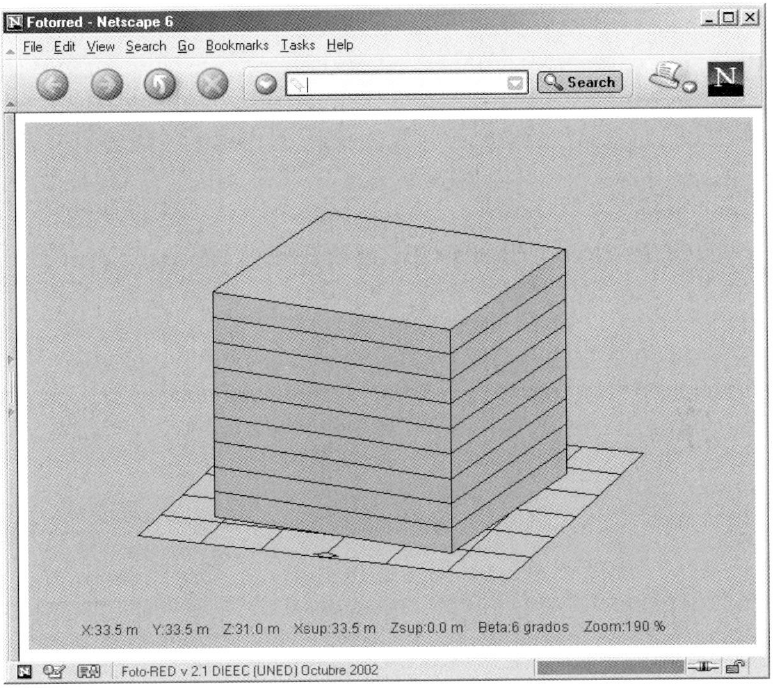

Fig. 4.2. Modelo 3D de la biblioteca después de introducir sus datos en el simulador.

El valor resultante de este parámetro para la biblioteca ha sido 0,41, un valor muy bajo, cercano al límite inferior aceptado por el programa (0,39). Como pone de manifiesto la figura 4.3, el consumo unitario tiende a aumentar con este parámetro, por lo que el valor obtenido se encuentra dentro de una zona que se podría considerar óptima.

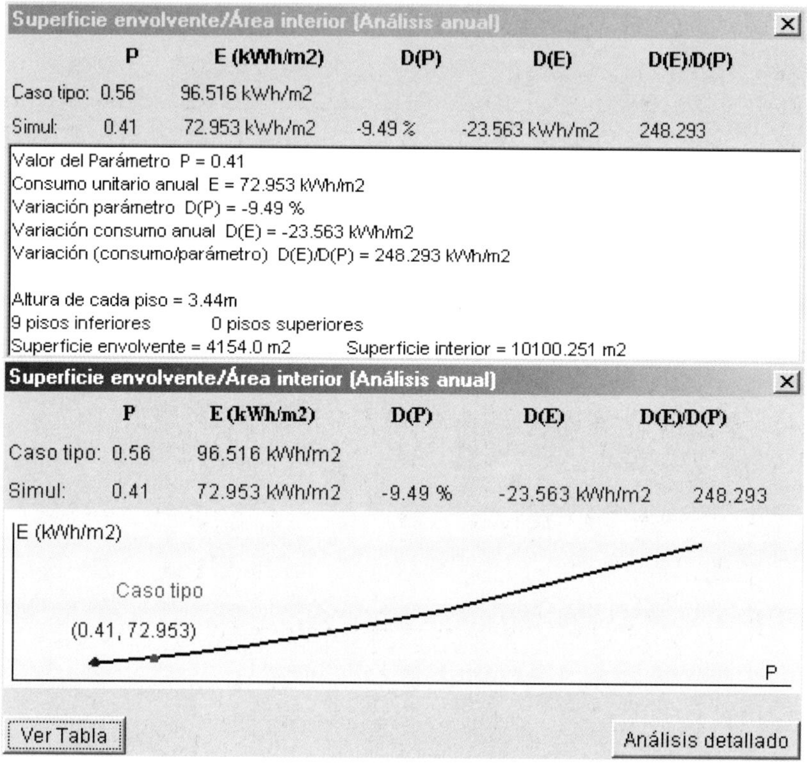

Fig. 4. 3. Evolución del consumo unitario anual en función del primer parámetro.

El valor de la relación envolvente-área para la biblioteca de la UNED es un 9,49 % inferior al del edificio tipo utilizado como referencia interna por el programa, lo que supone una reducción del consumo unitario anual del 24,41 % con respecto al valor tipo. Considerando únicamente la relación envolvente-área interior, el programa estima un consumo anual unitario de 72,953 $kWh{\cdot}m^{-2}$ para la biblioteca.

Además de las curvas y tablas de la figura 4.3, el programa puede mostrar estimaciones más detalladas desglosando el consumo unitario anual en diez apartados diferentes, que pueden consultarse mes a mes. Dado que esta información se ofrece para cada uno de los seis parámetros, supone un volumen de datos muy considerable, por lo que no será comentada en este pequeño ejemplo. Sí se analizarán, sin embargo, las estimaciones de consumo global desglosado que aglutinan el comportamiento conjunto de los seis parámetros.

4.1.1.2 Orientación de fachadas

La orientación de las fachadas del edificio influye considerablemente en el consumo, ya que determina la ganancia de radiación solar de los muros y ventanas expuestos al sol o a la sombra. El programa calcula este parámetro obteniendo el cociente entre las componentes de superficie de fachadas con orientación norte-sur y este-oeste. La biblioteca de la UNED tiene planta cuadrada, por lo que el valor resultante de este parámetro es 1. Como se puede apreciar en la figura 4.4, el punto de trabajo del edificio se encuentra dentro de la zona exponencial, aunque no demasiado lejano de la zona de comportamiento lineal (el valor del parámetro que establece el punto divisorio entre ambas zonas se podría fijar en torno a 2).

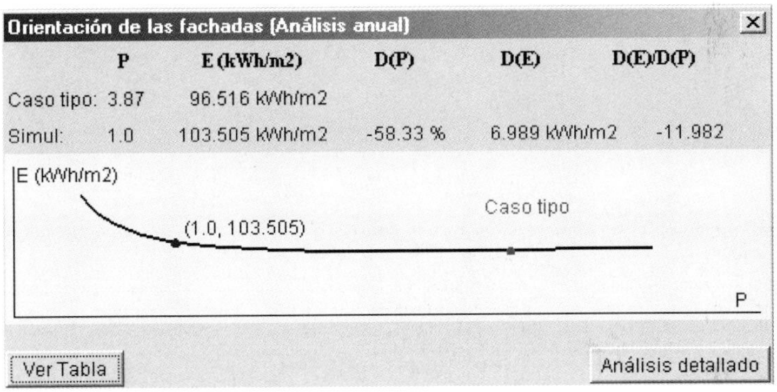

Fig. 4.4. Consumo unitario anual en función de la orientación de fachadas.

El valor del parámetro "Orientación de fachadas" para la biblioteca es un 58,33 % inferior al del edificio tipo. Esta variación de parámetro supone un aumento del consumo unitario anual del 7,24 % con respecto al valor tipo. Considerando únicamente el efecto de la orientación de fachadas, para la biblioteca de la UNED el programa estima un consumo anual unitario de 103,505 $kWh \cdot m^{-2}$. Tanto este valor como el obtenido en el apartado anterior serán tenidos en cuenta por las rutinas de análisis de consumo global.

4.1.1.3 Porcentaje de vidrio

La superficie acristalada exterior del edificio influye enormemente sobre el consumo en refrigeración, calefacción e iluminación. Como se puede observar en la figura 4.5, el consumo unitario anual con respecto al porcentaje de superficie exterior acristalada presenta un comportamiento pseudo-parabólico. En la biblioteca de la UNED, el porcentaje de superficie de fachadas cubiertas por vidrio es del 21,16% (punto inferior en la curva de la figura 4.5). Este punto se encuentra en la zona de transición entre la región izquierda, donde el consumo aumenta al disminuir el parámetro (porcentajes de vidrio menores del 21% suelen producir un incremento del consumo debido al mayor uso de iluminación artificial), y la región donde el consumo se mantiene contenido en torno al punto mínimo (porcentajes de vidrio entre un 21% y un 40%).

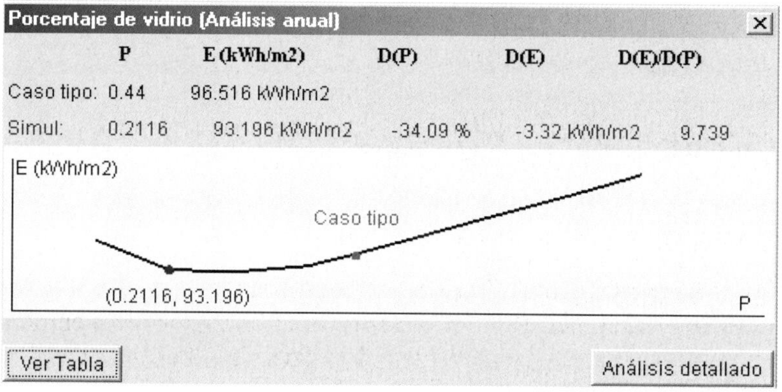

Fig. 4.5. Consumo unitario anual en función del porcentaje de vidrio.

El valor de este parámetro para la biblioteca de la UNED es un 34,09 % inferior al del caso tipo, lo que supone una disminución de consumo anual unitario de 3,32 kWh por m^2 (un 3,44%) con respecto al caso de referencia. Considerando únicamente el efecto del porcentaje de superficie exterior acristalada, el programa estima para la biblioteca un consumo anual unitario de 93,196 $kWh \cdot m^{-2}$.

4.1.1.4 Coeficiente de transmisión del muro

Este parámetro considera el efecto del coeficiente de transmisión térmica del tipo de muro empleado en las paredes exteriores del edificio. Como se puede apreciar en la figura 4.6, el coeficiente de transmisión de los muros de la biblioteca (0,61 $W \cdot m^{-2} \cdot °C^{-1}$) determina una disminución del consumo unitario anual relativo al caso tipo de 2,227 $kWh \cdot m^{-2}$, es decir, una reducción del 2,3%. A partir de estos valores, considerando aisladamente el efecto del coeficiente de transmisión del muro, el consumo unitario anual estimado por el programa es de 94,289 $kWh \cdot m^{-2}$.

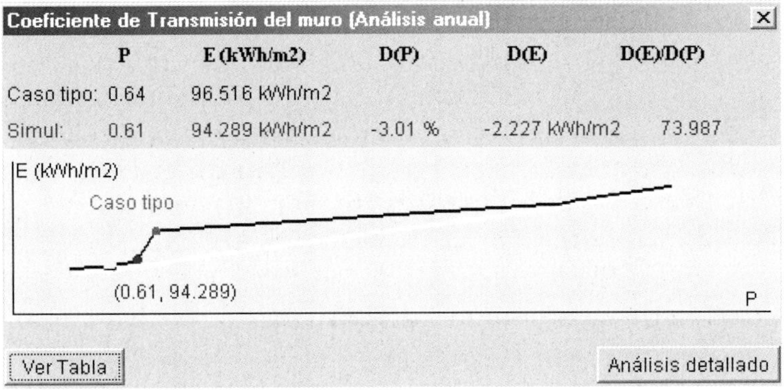

Fig. 4.6. Consumo unitario anual en función del coeficiente de transmisión del muro.

4.1.1.5 Coeficiente de transmisión del vidrio

La figura 4.7 pone de manifiesto que el comportamiento del consumo unitario anual, en función del coeficiente de transmisión del tipo de vidrio empleado en el edificio, es prácticamente lineal. No ha sido posible conseguir datos sobre las características térmicas del vidrio empleado en las ventanas exteriores de la biblioteca de la UNED. El rango de variación máxima considerado por el programa comprende vidrios desde un coeficiente de 6,5 $W \cdot m^{-2} \cdot °C^{-1}$(vidrio simple muy sencillo), hasta un mínimo de 1,5 $W \cdot m^{-2} \cdot °C^{-1}$ (los vidrios dobles más avanzados). Finalmente, como se puede apreciar en la figura 4.7 se ha elegido para el modelo de la biblioteca un coeficiente de transmisión del vidrio de 3,5 $W \cdot m^{-2} \cdot °C^{-1}$, ya que es un valor intermedio frecuentemente empleado en edificación.

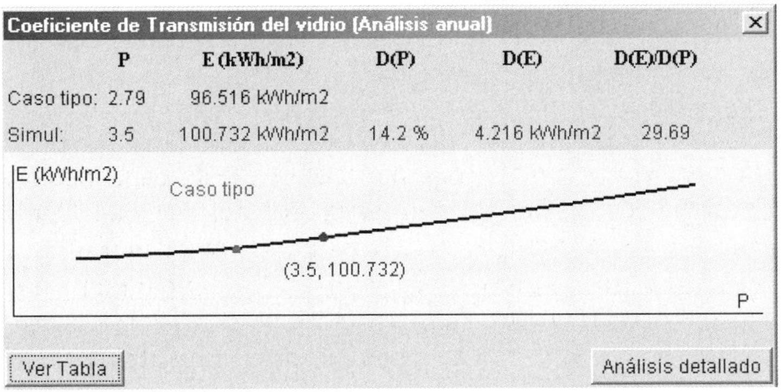

Fig. 4.7. Consumo unitario anual en función del coeficiente de transmisión del vidrio.

Con respecto al edificio de referencia, el punto de trabajo de la biblioteca representa un incremento del consumo unitario anual de 4,216 $kWh \cdot m^{-2}$, es decir, un 4,37 %.

4.1.1.6 Factor de sombra del vidrio

El programa considera las propiedades óptico-térmicas de los vidrios exteriores (y su efecto sobre el consumo) mediante el factor de sombra. Factores de sombra cercanos a la unidad representan vidrios muy transparentes (el valor máximo aceptado por el programa es 0,96). Valores bajos del factor de sombra corresponden a vidrios de alta reflexión (0,40 es el mínimo valor aceptado por el simulador). Tampoco ha sido posible disponer de datos sobre el factor de sombra real de los cristales de la biblioteca, por lo que se ha tomado el mismo valor que en el edificio tipo de referencia (0,71). Como se puede apreciar en la figura 4.8, la evolución del consumo unitario anual en función de este parámetro tiene una tendencia cuasi-parabólica. Los puntos de trabajo del edificio tipo y de la biblioteca son coincidentes, por lo que sólo se muestra uno de ellos en la figura 4.8. Ya que no hay variación relativa del parámetro, la estimación de consumo unitario anual en función del mismo coincide con la del edificio tipo original.

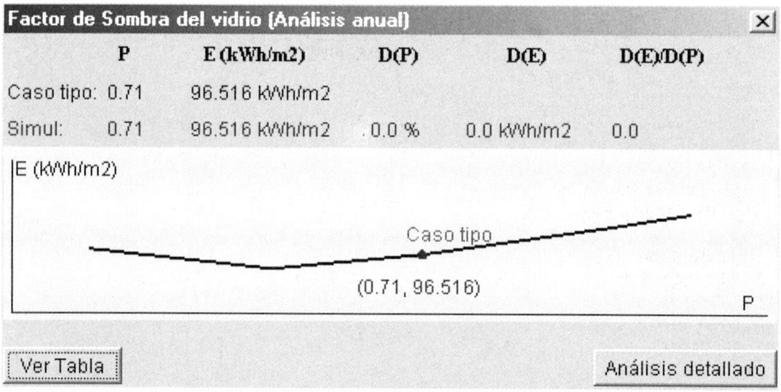

Fig. 4.8. Consumo unitario anual en función del factor de sombra del vidrio.

4.1.1.7 Consumo global del edificio

El análisis de consumos realizado en las secciones anteriores tiene una utilidad práctica limitada, ya que se ha hecho considerando el efecto de cada parámetro de forma independiente de todos los demás. Esta metodología permite estudiar con detalle el efecto de cada parámetro sobre el consumo, pero no da una idea del comportamiento global del edificio. Para obtener una visión de conjunto es preciso recurrir a las herramientas de análisis de consumo global que evalúan el efecto combinado de los seis parámetros sobre el edificio, ofreciendo una estimación de consumo (en MWh) resultado de la interacción conjunta de todos los factores que afectan al mismo. La figura 4.9 muestra la tabla de resultados globales obtenidos al simular la biblioteca de la UNED. Esta tabla contiene los valores de los seis parámetros, los consumos globales desglosados en diez apartados (iluminación, equipos ofimáticos, etc.), y el consumo global total sumatorio de los anteriores durante un año. Esta información se ofrece tanto para el caso tipo como para la biblioteca.

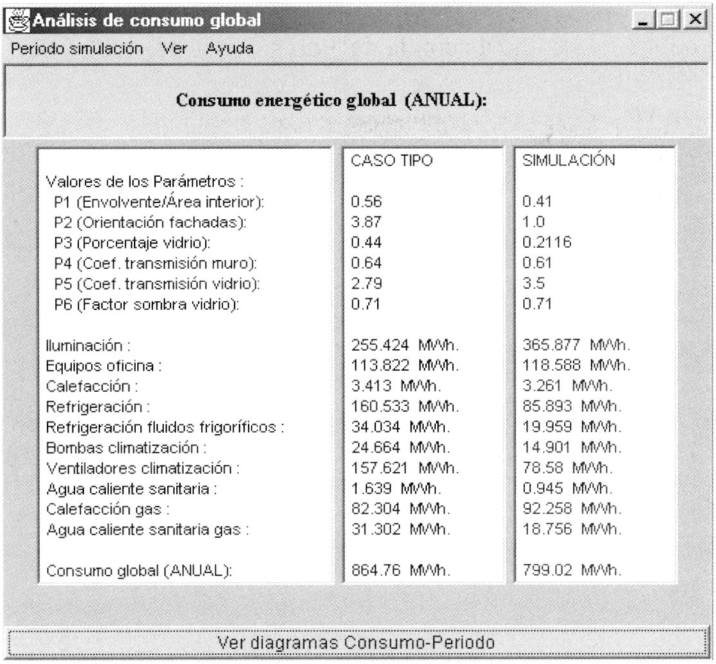

Fig. 4.9. Estimaciones de consumo anual global para el edificio tipo y la biblioteca.

Según los resultados de la figura 4.9, en un año típico la biblioteca de la UNED consumirá unos 799,02 MWh. Este valor también se ofrece desglosado en las fracciones que se dedicarán a iluminación, equipos de oficina, calefacción etc. La importancia relativa de cada concepto se aprecia mucho mejor en el diagrama de barras de la figura 4.10, que refleja los datos de la tabla anterior. El análisis de consumos globales también se puede hacer detallado mes a mes, tal como se puede apreciar en la figura 4.11.

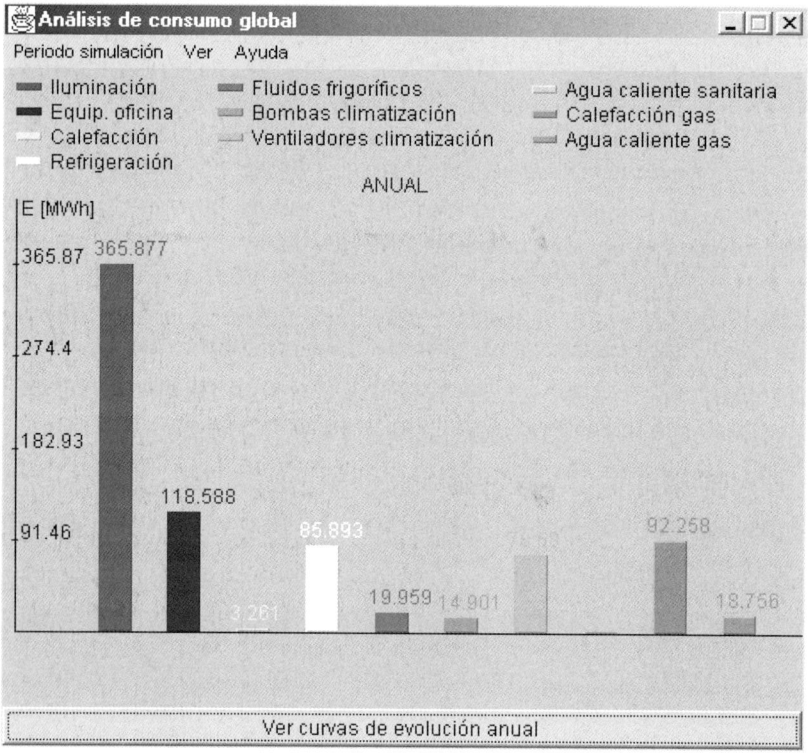

Fig. 4.10. Desglose del consumo anual total de la biblioteca de la UNED.

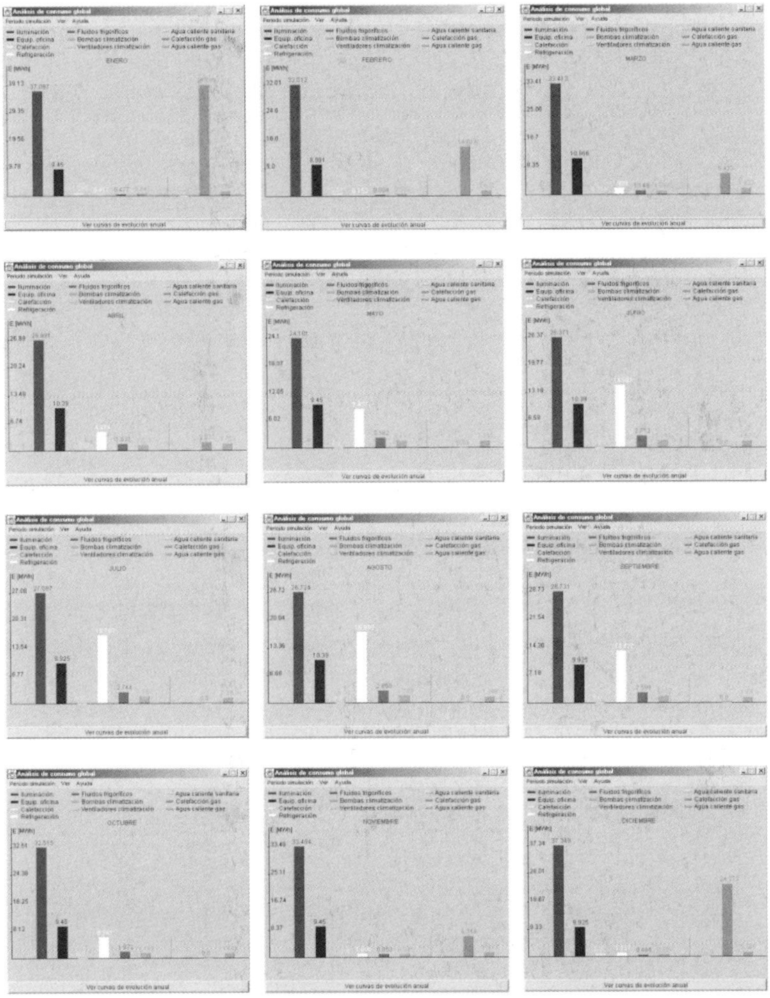

Fig. 4.11. Consumos mensuales detallados de la biblioteca de la UNED.

Analizando todas estas figuras y los resultados anuales ofrecidos por el simulador, se pueden extraer las siguientes conclusiones:

- La principal fuente de consumo en este edificio es la iluminación eléctrica (365,877 MWh anuales, es decir, un 44,66 % del consumo anual total). El programa asume que, al tener este edificio planta cuadrada, existirá un gran volumen interior sin acceso a ventanales exteriores con luz natural.

- El segundo consumo en importancia resulta ser el equipamiento ofimático: 118,588 MWh (un 14,84 % del total). A partir de datos experimentales, el programa asume que un edificio de oficinas típico consume unos 5 $W \cdot m^{-2}$ en ordenadores, impresoras, etc., con niveles de ocupación variables entre un 0 % y un 100 % según el horario. Es difícil establecer la validez de comparar un edificio destinado a biblioteca con un típico edificio de oficinas como el utilizado como referencia por el programa, por lo que este resultado debe ser tomado con cierta reserva.
- En cómputo anual, se consume más energía en refrigeración y aire acondicionado que en calefacción eléctrica y de gas natural. Analizaremos más adelante la estacionalidad de los consumos, pero parece claro que el consumo en aire acondicionado entre los meses de abril y octubre supera al de calefacción entre noviembre y marzo.
- Con respecto a los otros conceptos, el consumo eléctrico y de gas natural para obtener agua caliente sanitaria es reducido, no llegando a los 20 MWh anuales en total.

Las curvas de comportamiento anual de la figura 4.12 muestran la evolución de los consumos mensuales ya comentados a lo largo de un año completo. En esta figura, todas las curvas del gráfico de la derecha también están representadas en la imagen de la izquierda, aunque con un mayor fondo de escala en el eje de ordenadas que hace casi impracticable su visualización (el programa permite mostrar u ocultar cualquier curva). Analizando estas curvas de estacionalidad de consumos, se pueden extraer las siguientes conclusiones:

- Como era de esperar en un emplazamiento de la latitud de Madrid, las curvas ponen de manifiesto que el consumo en iluminación es mayor durante los meses de invierno y mucho menor entre mayo y agosto: del orden de 37 MWh en diciembre o enero frente a 26 MWh en junio.
- El mayor consumo en calefacción se produce durante el mes de enero, siendo diciembre el siguiente mes en consumo por este concepto. Sin embargo, en el período comprendido entre mayo y octubre el consumo por calefacción tanto eléctrica como de gas natural es totalmente irrelevante.
- Se produce un elevado consumo eléctrico en refrigeración entre los meses de junio y septiembre, presentando un punto máximo en agosto.
- El consumo en equipamiento ofimático se mantiene prácticamente constante a lo largo de todo el año.
- El consumo en agua caliente sanitaria desciende durante los meses de verano, aunque muy ligeramente.

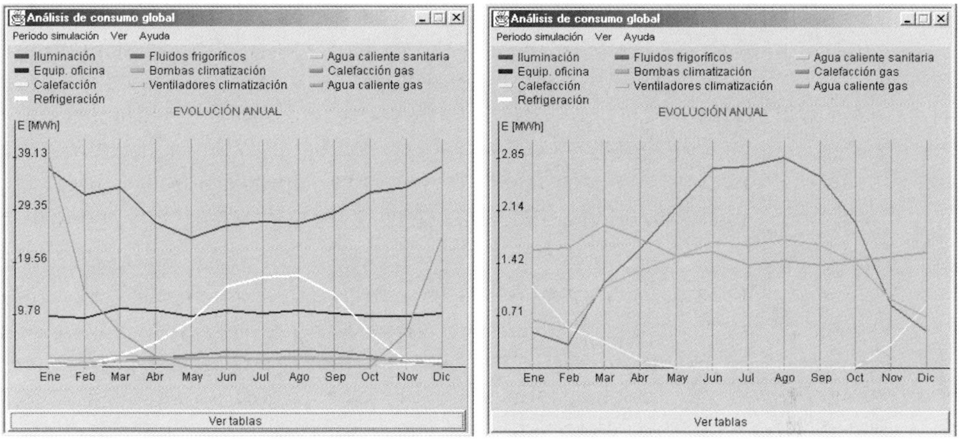

Fig. 4.12. Evolución de los consumos mensuales de la biblioteca a lo largo del año.

El principal objetivo y la verdadera potencia del simulador de consumos se ponen de manifiesto no al estudiar edificios ya construidos, sino al analizar distintas opciones durante la fase de diseño de los mismos. El programa permite variar los parámetros de diseño del edificio viendo instantáneamente cómo afectan al consumo, de forma que pueda ayudar a construir un edificio lo más eficiente posible. Después de combinar varios de estos parámetros en la biblioteca de la UNED, se pueden hacer las siguientes reflexiones:

- El simulador pone de manifiesto que la orientación de la biblioteca no afecta de manera notable al consumo anual total. Este comportamiento puede ser atribuible a la geometría del edificio, que al ser de planta cuadrada es insensible a rotaciones del edificio sobre su eje.
- El porcentaje de la superficie de fachadas que tiene ventanas (21,16 % de superficie acristalada) se encuentra muy cercano al valor óptimo que minimiza el consumo. Un ligero aumento de dicho porcentaje, hasta llegar a un 29 % de la superficie exterior, ahorraría en torno a 0,420 MWh anuales.

Ya que no ha sido posible recabar información precisa sobre los valores reales de los coeficientes de transmisión del muro y del vidrio y del factor de sombra de la biblioteca, los valores adoptados por defecto pueden tener una influencia notable sobre la fiabilidad de la simulación de consumos. Veamos en qué margen de variación se mueve la posibilidad de error:

- El valor adoptado para el coeficiente de transmisión de los muros ($0{,}61\ W{\cdot}m^{-2}{\cdot}{}^{\circ}C^{-1}$) corresponde a un tipo de muro de alto aislamiento térmico. Si el muro existente en la biblioteca fuese todavía de mejor calidad que el considerado, se podría producir un ahorro anual en torno a 9 MWh anuales (con un muro de 0,5 $W \cdot m^{-2} \cdot °C^{-1}$, el consumo anual pasaría de 799,02 MWh a 790,16 MWh). Por el contrario, si los muros son de peor calidad que los elegidos en la simulación, en el caso extremo considerado por el programa (muros muy simples de 1,49 $W \cdot m^{-2} \cdot °C^{-1}$) se produciría un incremento de consumo de hasta 69 MWh anuales.

- El valor asumido para el coeficiente de transmisión térmica del vidrio de las ventanas ha sido 3,5 $W \cdot m^{-2} \cdot °C^{-1}$, mientras que el factor de sombra de éste se ha tomado coincidente con el del edificio tipo (0,71). Estos valores se sitúan dentro de las zonas medias de las curvas de consumo unitario correspondientes a estos dos parámetros. Los valores extremos aceptados por el programa para el coeficiente de transmisión del vidrio son 1,5 $W \cdot m^{-2} \cdot °C^{-1}$ (vidrio doble de alto aislamiento que supondría un ahorro energético de 61,2 MWh anuales) y 6,5 $W \cdot m^{-2} \cdot °C^{-1}$ (vidrio simple muy sencillo que produciría un aumento de consumo de hasta 144,12 MWh anuales). La banda de fluctuación del consumo en función de los factores de sombra oscila entre –7 MWh y 89,46 MWh anuales.

4.1.2 Radiación solar

La biblioteca de la UNED está situada en Madrid, una de las ciudades predefinidas que incluye el programa, por lo que es posible seleccionarla directamente sin necesidad de introducir sus coordenadas, datos meteorológicos ni ninguna otra información. La observación de las curvas anuales de radiación solar generadas por el programa permite extraer las siguientes conclusiones:

- La radiación total sobre el plano horizontal de la cubierta es máxima durante los meses de julio y agosto (unos 220 $kWh \cdot m^{-2}$ en julio y 195 $kWh \cdot m^{-2}$ en agosto). El mes de menor radiación sobre este plano es diciembre, con 50 $kWh \cdot m^{-2}$.
- La radiación sobre la fachada “A” (orientación 186° Suroeste) resulta ser menor durante los meses estivales (71 $kWh \cdot m^{-2}$ en junio y julio) frente a los meses de invierno (84 $kWh \cdot m^{-2}$ en enero). Esta aparente paradoja se puede explicar por la verticalidad de la fachada y su orientación casi sur, que hace que la radiación incidente cuando el Sol está alto sobre el horizonte en verano sea menor que cuando la trayectoria solar es más baja durante el invierno.
- La radiación sobre las fachadas “B” (276 ° Noroeste) y “D” (96° Sureste) es muy similar. En ambos casos, los mayores valores se obtienen durante

los meses veraniegos (unos 135 kWh·m^{-2} en julio). A pesar de su verticalidad, durante el verano estas fachadas reciben un gran aporte de radiación durante las mañanas (la fachada "D" que mira al Este), y por las tardes (la fachada "B").

- La radiación total sobre la fachada "C", orientada casi al Norte (6° NE), viene condicionada por la componente de radiación difusa. La radiación directa sobre esta fachada durante los meses de octubre a marzo es prácticamente nula. Sólo durante los meses de abril a septiembre hay una pequeña componente directa en las primeras horas de la mañana (entre las 6 h y las 8 h dependiendo del mes). El hecho de que llegue algo de radiación directa es debido a los 6° de orientación NE de esta fachada, que no mira al Norte puro. Ya que la componente difusa es la que manda, los meses veraniegos en que los cielos están despejados dan lugar a la menor radiación total acumulada (unos 38 kWh·m^{-2} en agosto). El mes de mayor radiación difusa (y también total) resulta ser mayo, con 54 kWh·m^{-2}.

La figura 4.13 muestra las curvas anuales de radiación solar sobre las cuatro fachadas y la cubierta de la biblioteca. En todas las curvas se ha considerado nulo el factor de albedo de las superficies. El criterio empleado para denominar las fachadas (A,B,C,D) fue introducido en el capítulo 3, y está explicado con detalle en la propia ayuda del programa.

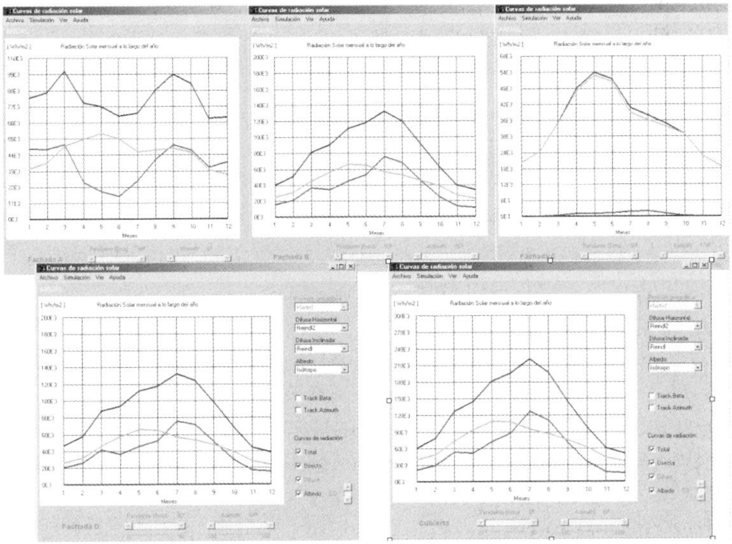

Fig. 4.13. Curvas anuales de radiación solar en las fachadas y la cubierta de la biblioteca.

4.1.3 Generación fotovoltaica

A la hora de colocar elementos fotovoltaicos sobre el edificio, existen infinitas posibilidades y combinaciones de modelos de paneles, número y tipo de conexión serie-paralelo, azimut y pendiente de cada grupo, etc. No haremos aquí, por tanto, un análisis exhaustivo de las posibilidades de instalación, sino que se comentarán algunos de los conceptos y optimizaciones que el simulador ha obtenido para este edificio, describiendo posteriormente el comportamiento de un caso práctico con un generador fotovoltaico concreto.

4.1.3.1 Cubierta

La cubierta es una de las superficies con más posibilidades para instalar elementos fotovoltaicos sobre el edificio, tanto por la alta radiación solar incidente sobre ella, como por la disponibilidad de espacio y el probable menor impacto visual de la instalación sobre el conjunto del edificio. En las pruebas realizadas con el simulador, para maximizar la energía generada en cómputo anual, cualquier grupo de paneles instalado sobre la cubierta mirando al sur debería tener una pendiente de 34° sobre la horizontal. Ya que la biblioteca no está orientada directamente al sur, y para mantener la alineación del generador fotovoltaico con los ejes de la cubierta (por cuestiones puramente estéticas), se asumirá que los paneles también tendrán un azimut de –6°. Con esta orientación, la pendiente que maximiza la producción anual ha resultado ser 31°.

Asumiendo una pendiente de 31° y un azimut de –6°, variar el factor de albedo de la superficie de cubierta que rodea a los paneles desde su valor mínimo (0) hasta el máximo posible (1), supone un incremento de producción anual en torno al 6,18 %. Si se mantienen los paneles a 31° de pendiente, y asumimos un factor de albedo nulo, la máxima disminución de producción fotovoltaica anual al variar el azimut entre 0° (Sur) y ±90° (Este y Oeste respectivamente) es cercana al 10 %.

4.1.3.2 Fachada "A" (186° Suroeste)

Para esta fachada orientada 6° hacia el Suroeste, la pendiente que maximiza la generación de energía anual ha resultado ser 26°, aunque la diferencia de potencia respecto al ángulo óptimo obtenido para la cubierta (31°) es casi despreciable. Si, como suele ser habitual, los elementos fotovoltaicos se situasen directamente sobre el plano vertical de la fachada, la pendiente resultante (90°) supondría una reducción de potencia anual en torno al 38,5 %. En estos cálculos se asume que el factor de albedo de la superficie de las fachadas es nulo. Esta aproximación es especialmente válida cuando los paneles están situados verticalmente sobre la propia fachada, ya que el efecto de posibles reflexiones sobre las superficies colindantes es despreciable.

4.1.3.3 Fachadas "B" (276° Noroeste), "C" (6° Noreste) y "D" (96° Sureste)

Partiendo de los ángulos de compás respecto al Norte de estas fachadas y considerando el criterio de signos utilizado por el simulador, el azimut correspondiente a la fachada "B" es –96° (orientación Oeste), 174° para la fachada "C", que mira hacia el Noreste, y 84° para la "D", orientada al Sureste. Para estos valores de azimut, y asumiendo nulos los factores de albedo de las fachadas, el simulador estima que las pendientes que maximizan la producción anual están comprendidas entre 0° y 11° (paneles sobre soportes casi horizontales anclados a las fachadas). Sin embargo, es preciso considerar que el simulador no tiene en cuenta el efecto de las sombras que las propias fachadas y los paneles superiores crearían sobre los que estuviesen colocados en puntos más bajos, algo que afecta especialmente a planos cercanos a la horizontal. Parece claro, por tanto, que los valores de potencia estimados para disposiciones cuasi-horizontales serán bastante superiores a los que se podrían esperar en la práctica. Para el caso que nos ocupa, se considerará que todos los paneles instalados sobre las fachadas de la biblioteca estarán fijados verticalmente sobre las propias fachadas (pendiente 90°). En este caso, el efecto de posibles sombras propias no motivadas por otros edificios colindantes es nulo y los resultados de la simulación, mucho más precisos.

4.1.3.4 Colocación de elementos fotovoltaicos sobre el edificio

Se han realizado varias pruebas colocando diferentes modelos de paneles sobre la biblioteca y combinando las fachadas, pendientes, número de paneles, tipo de conexión, etc. Esto ha permitido obtener algunas conclusiones que se irán comentando en las secciones siguientes. Describiremos, además, el balance energético y los resultados económicos obtenidos para una de estas posibles combinaciones. La figura 4.14 muestra los elementos fotovoltaicos elegidos y su colocación sobre el edificio.

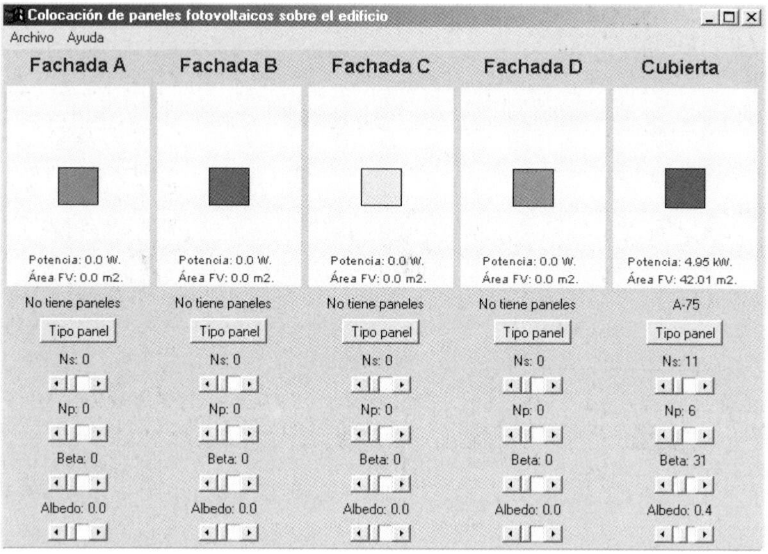

Fig. 4.14. Elementos fotovoltaicos elegidos para la biblioteca de la UNED.

Como se puede apreciar en la figura 4.14, sólo se han colocado paneles del modelo A-75 (fabricados por ATERSA, con una potencia nominal de 75 W) sobre la cubierta. En total se han instalado 66 paneles, con 6 ramas en paralelo formadas por 11 paneles en serie cada una. La pendiente sobre la horizontal de este grupo de paneles es 31°, y el factor de albedo de la cubierta del edificio es 0,4. La figura 4.15 muestra la curva de producción fotovoltaica anual correspondiente a esta instalación, asumiendo una eficiencia global media del inversor del 90%. En dicha figura, las curvas correspondientes a las cuatro fachadas son nulas, ya que no existen generadores fotovoltaicos sobre ellas. De esta forma, la curva correspondiente a la cubierta coincide con la curva que muestra la capacidad de generación total del edificio.

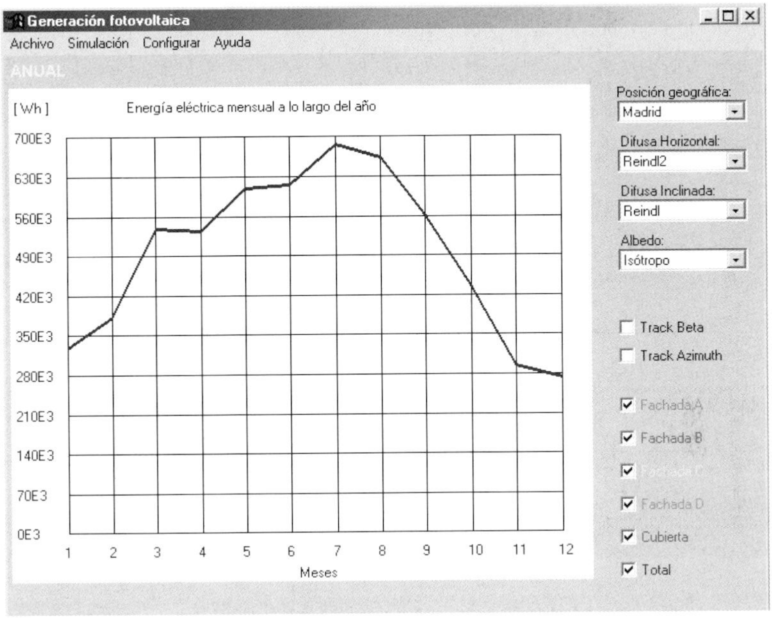

Fig. 4.15. Curva anual de energía generada en la instalación fotovoltaica de la biblioteca.

El conjunto formado por los 66 paneles instalados sobre la cubierta tiene una potencia nominal de 4,95 kW. Este valor no se ha elegido al azar, sino que se ha buscado una potencia cercana al valor máximo indicado en el Real Decreto 2818/1998 de 23 de diciembre, donde se regulaban las tarifas de venta de energía fotovoltaica a la red eléctrica. Este Real Decreto establecía (actualmente derogado por el R. D. 436/2004 de 12 de marzo) un precio total a percibir de 0,40 ó 0,22 euros (66 ó 36 pesetas) por kilovatio-hora, dependiendo de que la instalación fotovoltaica tenga una potencia menor o mayor de 5 kWp. En el caso de la biblioteca, se hará el estudio inicial con el mayor generador que permite acogerse a las tarifas más ventajosas, analizando posteriormente si merece la pena instalar generadores mayores aunque la tarifa a percibir descienda hasta los 22 céntimos de euro por kilovatio-hora.

4.1.4 Balance energético

Las tablas y curvas del balance energético resultante del edificio se muestran en la figura 4.16. A lo largo de un año típico, el edificio genera 5,906 MWh, lo que supone un 0,74 % del consumo total (799,02 MWh). Enero y diciembre son los meses de mayor consumo (96,247 MWh y 82,93 MWh respectivamente). El mes donde el consumo es menor es mayo (53,565 MWh). Por lo que respecta a la generación fotovoltaica, julio es el mes de mayor producción (0,682 MWh), seguido por agosto (0,66 MWh) y junio (0,612 MWh).

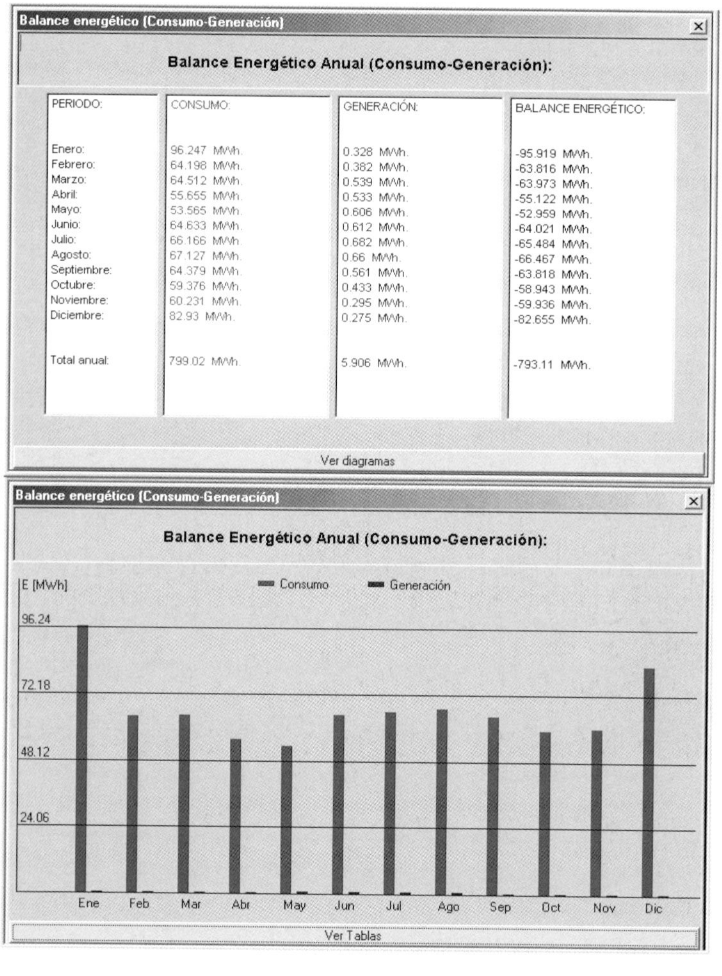
Balance energético (Consumo-Generación)

Balance Energético Anual (Consumo-Generación):

PERIODO:	CONSUMO:	GENERACIÓN:	BALANCE ENERGÉTICO:
Enero:	96.247 MWh.	0.328 MWh.	-95.919 MWh.
Febrero:	64.198 MWh.	0.382 MWh.	-63.816 MWh.
Marzo:	64.512 MWh.	0.539 MWh.	-63.973 MWh.
Abril:	55.655 MWh.	0.533 MWh.	-55.122 MWh.
Mayo:	53.565 MWh.	0.606 MWh.	-52.959 MWh.
Junio:	64.633 MWh.	0.612 MWh.	-64.021 MWh.
Julio:	66.166 MWh.	0.682 MWh.	-65.484 MWh.
Agosto:	67.127 MWh.	0.66 MWh.	-66.467 MWh.
Septiembre:	64.379 MWh.	0.561 MWh.	-63.818 MWh.
Octubre:	59.376 MWh.	0.433 MWh.	-58.943 MWh.
Noviembre:	60.231 MWh.	0.295 MWh.	-59.936 MWh.
Diciembre:	82.93 MWh.	0.275 MWh.	-82.655 MWh.
Total anual:	799.02 MWh.	5.906 MWh.	-793.11 MWh.

Fig. 4.16. Balance energético anual de la biblioteca de la UNED.

Como se puede apreciar en el diagrama de barras de la figura 4.16, la capacidad de producción fotovoltaica del generador elegido para este edificio es muy limitada con relación a su consumo (las barras de generación son casi inapreciables frente a las de consumo). Obviamente, el balance neto de explotación de la biblioteca (diferencia entre ingresos y pagos) es negativo, tanto en cómputo anual como durante todos los meses del año.

4.1.5 Análisis económico

Cualquier análisis económico a largo plazo donde se tiene en cuenta el valor del dinero viene determinado por la unidad monetaria, tarifas, precios de adquisición y previsiones de comportamiento económico futuro tales como la inflación, evolución anual de precios, etc. El programa necesita conocer esta información antes de poder realizar sus cálculos, por lo que dispone de unos valores por defecto, expresados en euros, que representan la coyuntura económica española a comienzos del año 2002. Estos valores (mostrados en la figura 4.17) han sido los utilizados para simular el comportamiento económico de la biblioteca de la UNED.

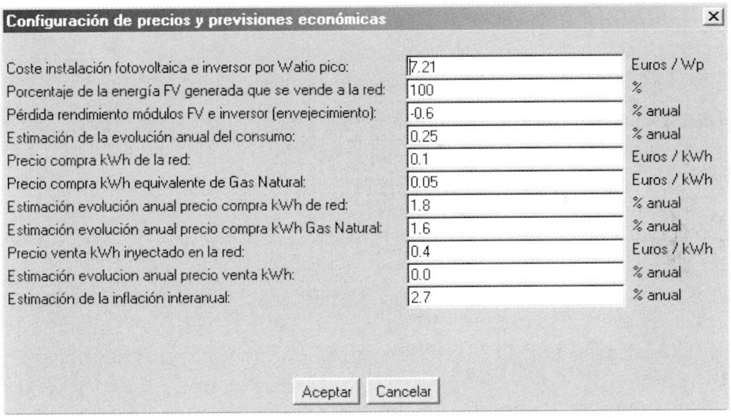

Fig. 4.17. Precios y estimaciones económicas establecidas por defecto en el programa y utilizadas en la simulación de la biblioteca. (Unidad monetaria: euros).

Antes de mostrar las curvas particulares obtenidas para el generador fotovoltaico elegido, comentaremos algunas ideas que han ido surgiendo durante las pruebas realizadas con diversas configuraciones fotovoltaicas sobre el edificio de la biblioteca:

– El simulador pone de manifiesto que colocar paneles verticales sobre la fachada "C" (la que está orientada 6° Noreste) es totalmente antieconómico. Con los valores indicados en la figura 4.17, los tiempos de reembolso de la inversión necesaria para instalar cualquier número de paneles en estas condiciones es superior a los 30 años considerados por el programa. Desde un punto de vista estrictamente económico, poner paneles verticales sobre esta fachada supone perder dinero.

- Manteniendo constantes la pendiente y el azimut de un grupo de paneles (por ejemplo en todos los paneles de una misma fachada), los tiempos de reembolso de la inversión inicial resultan ser independientes del número total de paneles instalados. Esta afirmación será cierta siempre que el precio de venta de la energía fotovoltaica sea independiente de la potencia total instalada en el edificio, cosa que no sucede actualmente en España. Este comportamiento también puede verse afectado si el precio unitario por vatio-pico de paneles instalado está sometido a economías de escala.
- Colocar el generador fotovoltaico elegido para la biblioteca verticalmente sobre la fachada "A" (orientación 186° Suroeste), da lugar a un tiempo de reembolso simple de 28 años, mientras que el tiempo de reembolso actualizado es superior a los 30 años considerados por el programa. Si los mismos paneles se colocan con una pendiente de 31° sobre la horizontal, los tiempos de reembolso descienden hasta los 17 y 22 años respectivamente. Para esa pendiente, incrementar el factor de albedo de la fachada "A" desde 0 a 1 supone acortar dichos tiempos de reembolso hasta los 16 y 20 años.
- Instalar paneles verticales sobre las fachadas "B" o "D", da lugar a unos tiempos de reembolso simples de 29 y 27 años respectivamente (los tiempos de reembolso actualizados son superiores a los 30 años en ambos casos). La diferencia existente entre estos valores se puede explicar por la ligera orientación norte (276° Noroeste) y sur (96° Sureste) de las fachadas "B" y "D".
- Asumiendo un factor de albedo nulo, instalar el generador fotovoltaico horizontalmente sobre la cubierta de la biblioteca, da lugar a un tiempo de reembolso simple de 18 años, y actualizado de 24. Si los mismos paneles se inclinan hasta alcanzar una pendiente de 31°, los tiempos de reembolso descienden hasta los 17 y 22 años respectivamente. Si para esa misma pendiente el factor de albedo de la cubierta crece hasta la unidad, dichos tiempos de reembolso pasan a ser de 16 y 20 años.

La figura 4.18 muestra las tablas, diagramas y curvas de comportamiento económico obtenidos para la biblioteca, con las tarifas y previsiones económicas indicadas en la figura 4.17 y el generador fotovoltaico descrito en la figura 4.14. Como se puede apreciar en la figura, asumiendo un coste total de instalación de 7,21 euros por vatio-pico, el desembolso inicial para adquirir e instalar los paneles, inversores y las estructuras de soporte del generador fotovoltaico asciende a un total de 35 689,5 euros. Los tiempos de reembolso simple y actualizado para esta configuración resultan ser de 16 y 21 años respectivamente. Sin considerar los beneficios de tipo medioambiental, que no entran en el programa como elementos contables, desde un punto de vista estrictamente económico, a los 21 años de funcionamiento continuado el generador fotovoltaico habrá permitido recuperar la inversión inicial. Todo el tiempo que el generador siga funcionando a partir de ese momento significará ganancia para el propietario del edificio.

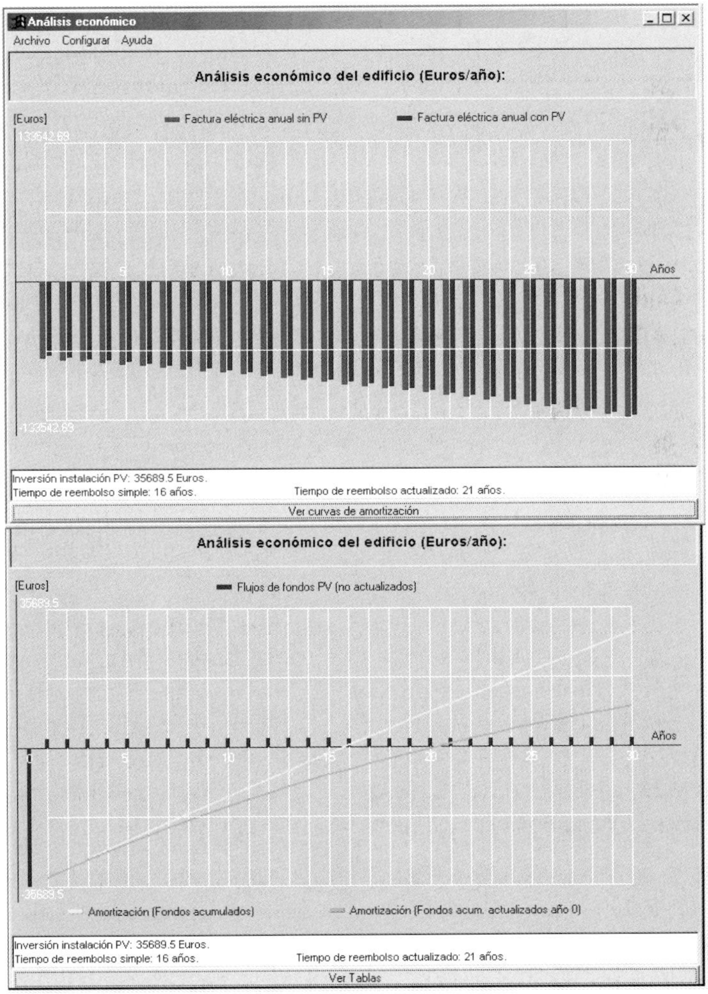

Fig. 4.18. Resultados económicos del generador fotovoltaico instalado en la biblioteca.

Modificar los valores de configuración económica permite obtener algunas reflexiones interesantes, ya que de ellos depende el resultado de la simulación económica. Las curvas y tablas presentadas en la figura 4.18 se han obtenido utilizando unos valores de configuración económica que en enero de 2002 se consideraban "realistas". Se podría realizar la misma simulación con unas previsiones económicas "optimistas" como las siguientes:

- El coste unitario de la instalación fotovoltaica pasa de 7,21 a 4,8 euros/Wp.
- El rendimiento medio de los inversores se ha incrementado hasta alcanzar el 96%, frente al 90% original. Por otra parte, la pérdida de rendimiento de la instalación fotovoltaica por envejecimiento se ha reducido desde un 0,6% hasta el 0,3 % anual.
- La inflación interanual esperada se ha reducido desde un 2,7% (valor oficial correspondiente al año 2001) hasta el 1,8 %.
- La evolución del precio de venta del kilovatio-hora fotovoltaico a la red ha pasado de un 0 % (congelación total de precios) a un 1,8 % anual (el valor de la inflación prevista).
- Para reducir los grados de libertad de la simulación, no se han modificado las estimaciones que sólo afectan al consumo. También se ha considerado que el 100% de la energía generada es vendida a la red, política inteligente para el propietario del edificio siempre que el precio de venta sea superior al de compra.

Con las condiciones "optimistas" seleccionadas, los tiempos de reembolso simple y actualizado de la inversión necesaria para montar el mismo generador fotovoltaico descrito anteriormente pasan a ser, respectivamente, de 9 y 10 años (fig. 4.19). Estas cifras son sensiblemente inferiores respecto a las obtenidas anteriormente (16 y 21 años).

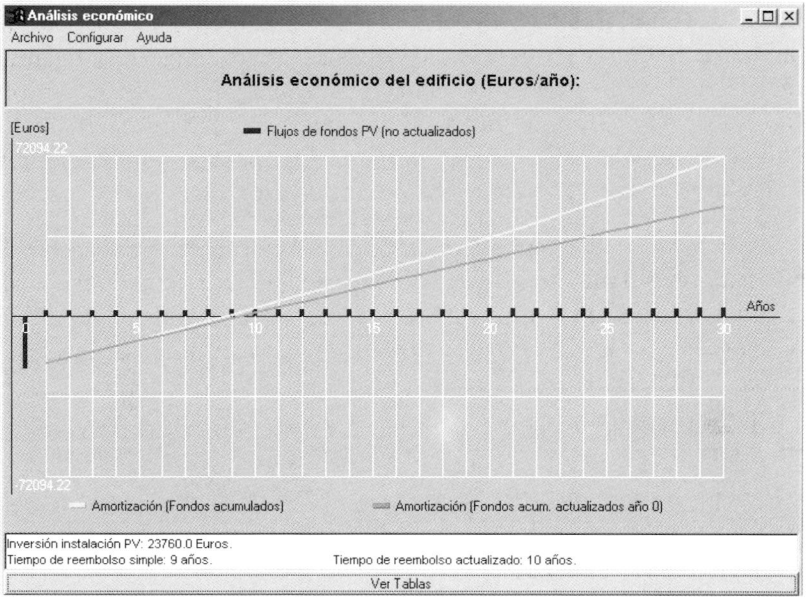

Fig. 4.19. Curvas de amortización en la simulación "optimista" de la biblioteca.

Se podría llevar a cabo un ejercicio similar considerando unas previsiones económicas "pesimistas" como las siguientes:

- Coste unitario de la instalación fotovoltaica de 8,11 euros/Wp.
- Rendimiento medio de inversores de un 85 %.
- Pérdidas de rendimiento por envejecimiento de un 1,5 % anual.
- Disminución del precio de venta de la energía fotovoltaica de un 2 % anual.
- Inflación interanual del 4 %.

Para el mismo generador descrito anteriormente, con esta configuración pesimista el tiempo de reembolso simple asciende hasta los 29 años, mientras que el actualizado es superior a 30 años. Este último valor está fuera del rango de simulación temporal considerado por el programa y sobrepasa también la esperanza de vida media de la instalación, por lo que probablemente ésta nunca se pueda autofinanciar.

Ahora es fácil determinar si una mayor inversión en elementos fotovoltaicos, hasta superar el umbral de los 5 kW establecido por el antiguo Real Decreto 2818/1998, supone alguna ventaja de tipo económico. Se ha simulado el edificio instalando diferentes combinaciones de paneles con los mismos valores de configuración económica indicados en la figura 4.17 excepto el precio de venta de la energía fotovoltaica, que pasa de 0,4 euros/kWh a los 0,22 euros/kWh indicados por la ley. Los tiempos de reembolso obtenidos en estas simulaciones han crecido hasta los 30 años para el reembolso simple, mientras que el reembolso actualizado supera el período máximo considerado por el simulador, valores que se encuentran por encima del tiempo de vida medio esperado de la instalación. Parece claro, pues, que desde un punto de vista estrictamente económico y con la legislación existente actualmente en España, instalar más de 5 kW de paneles en este edificio no es un buen negocio.

La flexibilidad del programa para modificar las condiciones de simulación permite hacer algunas reflexiones finales sobre el generador fotovoltaico considerado para la biblioteca:

- Si este edificio estuviese situado en Almería en vez de en Madrid, los tiempos de reembolso simple y actualizado, para el mismo generador de la figura 4.14, descenderían hasta los 14 y 18 años respectivamente. De todas los emplazamientos predefinidos ofrecidos por el simulador, la isla de Hierro es el que da lugar a los menores tiempos de reembolso. Incluso sin disminuir la pendiente de los paneles para ajustarse a su menor latitud, los tiempos de reembolso de la inversión en esa isla serían de 13 años (reembolso simple) y 15 años (reembolso actualizado), en lugar de los respectivos 16 y 21 años de Madrid. En el otro extremo de la balanza, el mismo edificio en ciudades del norte peninsular como Lugo, Oviedo, Gijón, Santander o San Sebastián darían lugar a tiempos de reembolso simple y actualizado de hasta 20 y 27 años respectivamente.
- Asumiendo que el generador situado sobre la cubierta de la biblioteca en Madrid dispusiese de sistemas de seguimiento en dos ejes (pendiente y azimut) cuya instalación costase lo mismo que un sistema convencional (que por supuesto no es el caso), el incremento de producción energética reduciría los tiempos de reembolso a 11 años para el simple y 13 años para el actualizado. En lugar de los 7,21 euros por vatio-pico de paneles convencionales que el programa considera como precio unitario en la simulación "realista", se podrían pagar hasta 10,73 euros por vatio-pico de paneles con seguimiento en dos ejes. Cualquier precio superior a esta cantidad no resultaría ventajoso desde un punto de vista estrictamente económico. Es preciso tener en cuenta, además, que el programa no considera la posible falta de fiabilidad y los gastos de mantenimiento inherentes a los sistemas con seguimiento, por lo que estos resultados pueden ser ligeramente optimistas.

4.2 Edificio fotovoltaico del Instituto de Energía Solar (Universidad Politécnica de Madrid)

El edificio mostrado en la figura 4.20 se inauguró en diciembre de 1994 como sede del Instituto de Energía Solar (IES) de la Escuela Técnica Superior de Ingenieros de Telecomunicación de la Universidad Politécnica de Madrid. Es un edifico que dispone de un generador fotovoltaico cuya descripción y comportamiento a lo largo de los últimos años está bien documentado, por lo que puede ser un buen ejemplo introductorio del trabajo de validación presentado en el anexo C del CD-ROM, ya que es posible comparar los resultados publicados por el IES con los valores estimados por el simulador.

Fig. 4.20. Sede del Instituto de Energía Solar de la UPM.

Lamentablemente, los datos geométricos y constructivos del edificio, así como sus consumos, no han tenido la misma divulgación que el generador fotovoltaico, por lo que muchos de los parámetros utilizados en la simulación de consumos han tenido que ser estimados por desconocerse los valores reales. Estos son los valores finalmente utilizados en la simulación:

- Latitud: 40° 27′ Norte / Longitud: 3° 43′ Oeste / Altitud: 664 metros.
- Orientación de la fachada principal: 8° Sureste.
- Superficie en planta de 500 metros cuadrados (se asume planta rectangular de 25 m × 20 m).
- 3 plantas y terraza que se asumen de la misma altura (altura total: 12 m).
- Porcentaje de vidrio: 25 %.
- Coeficiente de transmisión del muro: 0,55 $W \cdot m^{-2} \cdot °C^{-1}$.
- Coeficiente de transmisión del vidrio: 2 $W \cdot m^{-2} \cdot °C^{-1}$.
- Factor de sombra del vidrio: 0,6.

El generador fotovoltaico integrado en este edificio está formado por tres campos generadores conectados en paralelo, instalados en la terraza, fachada sureste y torre. La potencia nominal total es de 14 kWp, desglosados como sigue:

– *Fachada sureste* (5,94 kWp):

  Paneles BP 495 (células Saturno). Dimensiones: 530 mm × 1188 mm.

  11 ramas en paralelo de 6 paneles en serie cada una (66 módulos en total).

  Pendiente: 35°.

  Azimut: 8° Este.

– *Terraza* (7,3 kWp):

  Módulos ISOFOTÓN M88. Dimensiones: 589 mm × 1305 mm.

  90 módulos (en 3 ramas en paralelo de 30 paneles en serie cada una).

  Pendiente: 20°.

  Azimut: 8° Este.

– *Torre* (0,5 kWp):

  Módulos ISOFOTÓN M50.

  11 módulos en serie.

  Pendiente: 5°.

  Azimut: 8° Este.

El inversor del edificio es un SIRIO PRT 12/E de 12 kW, desarrollado como prototipo por la empresa española ATERSA. Se han documentado problemas de funcionamiento en el intervalo disponible de datos de producción fotovoltaica, por lo que se asumirá un rendimiento global medio del 85 % durante la simulación.

4.2.1 Estimación de consumos

No ha sido posible obtener medidas de consumo real de este edificio que se puedan contrastar con las estimaciones ofrecidas por el simulador. Este hecho, junto con la necesidad de asignar valores por defecto a algunos parámetros desconocidos que afectan al consumo (los coeficientes de transmisión térmica de vidrios y muros, por ejemplo), hace que las estimaciones de consumo que se verán a continuación deban ser tomadas con un cierto grado de reserva. Los resultados de consumo anual global obtenidos por el simulador para el edificio del IES se muestran en la figura 4.21.

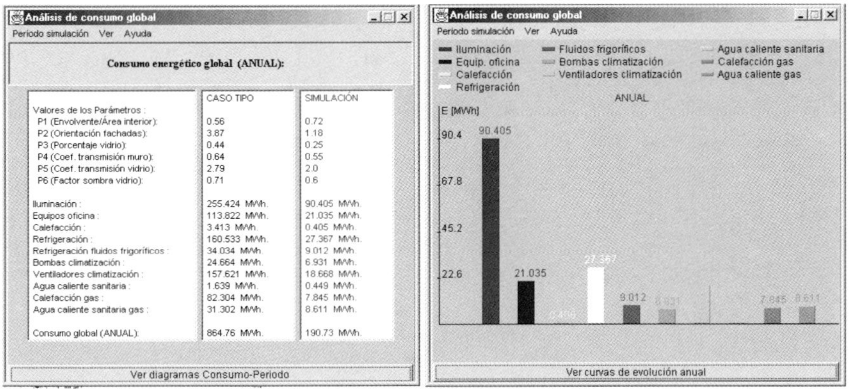

Fig. 4.21. Estimaciones de consumo anual global en el Instituto de Energía Solar.

Estos resultados indican que un edificio de estas características puede consumir en torno a los 190 MWh anuales, estando una gran parte de este consumo dedicado a la iluminación eléctrica (90,405 MWh/año).

La orientación general adoptada para un edificio de esta geometría es adecuada para minimizar el consumo global, pero hubiese sido mejor orientar su fachada directamente al Sur, eliminando los 8° de desviación al Este que presenta actualmente. Girando el edificio sobre su eje vertical hasta orientar su fachada principal al Sur, se observa una reducción del consumo anual de un 0,82 % (1,57 MWh). Lógicamente, esta orientación sur también supondría un ligero aumento de la producción fotovoltaica que se evaluará en el próximo apartado.

Sin entrar en mayores detalles sobre las estimaciones de consumo, es preciso comentar algunos aspectos de la geometría del edificio que pueden falsear estos resultados debido a limitaciones del simulador de consumos. En primer lugar, el grupo de paneles de la terraza rodea una zona traslúcida de la cubierta que cubre un patio interior, algo que indudablemente reducirá las necesidades de consumo en iluminación eléctrica del edificio pero que es difícil de cuantificar con un simulador de consumo tan simplificado como el que nos ocupa. En segundo lugar, los paneles de la fachada se han colocado de manera que ofrecen sombra sobre las ventanas durante el verano, lo que hace suponer un menor consumo en aire acondicionado también difícil de cuantificar por el simulador. Por último, la planta baja del edificio no tiene la misma superficie construida que las plantas superiores, ya que dispone de una zona porticada rodeada de columnas que no ha sido posible describir en el modelo 3D del simulador.

4.2.2 Radiación solar

Según los datos del IES, la irradiación solar media diaria sobre una superficie horizontal ubicada en el emplazamiento del edificio es de 4,3 kWh·m^{-2}. Para estas mismas coordenadas, el simulador obtiene una irradiación sobre plano horizontal de 4,26 kWh·m^{-2}, un valor realmente ajustado. En la figura 4.22 se muestran las curvas anuales de irradiación solar sobre los planos de paneles instalados en la fachada sureste y la cubierta del edificio. Al desconocer los valores reales de los factores de albedo de la fachada, la cubierta y la torre, se han asumido unos valores de 0, 0,4 y 0,3 respectivamente. Estas diferencias en los factores de albedo y las distintas inclinaciones determinan las ligeras discrepancias entre las curvas de los paneles de la fachada y la cubierta (obsérvese que la escala de representación de las dos gráficas es diferente). A pesar de que la radiación directa sobre el plano de paneles de la fachada es similar en julio y en agosto, el efecto de la radiación difusa hace que el primero sea el mes de mayor radiación total, con un valor cercano a los 200 kWh·m^{-2}. El mes de mayor radiación difusa sobre los paneles de la fachada resulta ser mayo, con unos 100 kWh·m^{-2} de componente difusa (168 kWh·m^{-2} de radiación total).

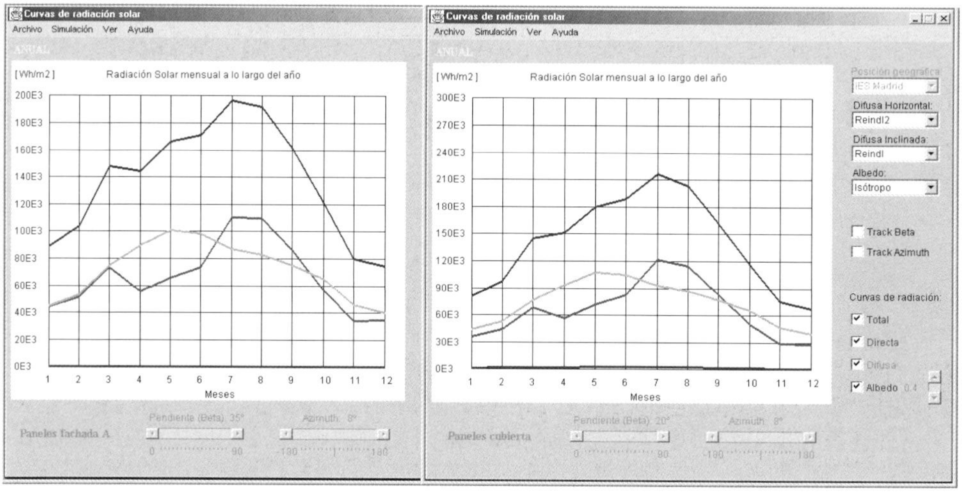

Fig. 4.22. Radiación anual sobre los paneles de la fachada sureste y la cubierta del IES.

4.2.3 Producción fotovoltaica

En la figura 4.23 se pueden observar las curvas de generación fotovoltaica obtenidas para los generadores del edificio, asumiendo un rendimiento global del inversor del 85 %.

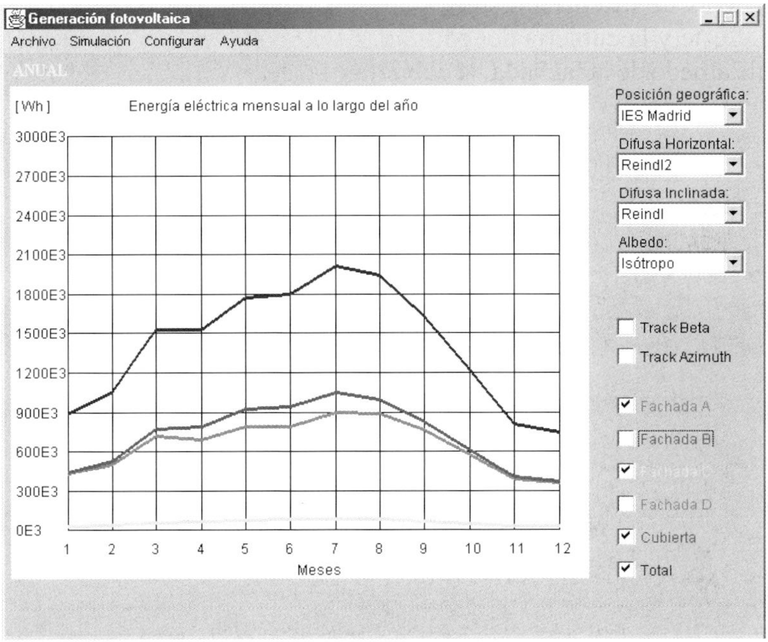

Fig. 4.23. Curvas de producción fotovoltaica anual del edificio del IES.

Comenzando por la parte inferior del diagrama, las cuatro curvas mostradas en la figura 4.23 representan la energía generada en la torre (ha sido asociada a la fachada "C" del simulador), en la fachada sureste (fachada "A") en la cubierta y la energía total, suma de las tres anteriores.

Aunque la tabla con los valores de resultados anuales no se ve en la figura 4.23, la energía fotovoltaica total generada a lo largo del año asciende a 16 847 kWh. Ahora es posible estimar el efecto que la ligera orientación este (8°) de la fachada principal del edificio causa sobre la capacidad de generación fotovoltaica. En las pruebas realizadas con el simulador, el incremento de producción anual al colocar el edificio mirando al Sur ha sido del 0,15 %, un valor prácticamente despreciable.

Las cifras de producción fotovoltaica anual ofrecidas por el IES oscilan entre los 12 619 kWh (lo que supone un rendimiento de 901 kWh por kWp de paneles instalados) y los 16 985 kWh (1213 kWh por kWp de paneles). Esta última cifra es un objetivo considerado factible con unas condiciones de funcionamiento favorables, sin interrupciones [Caamaño, 1998]. La estimación ofrecida por el simulador (16 847 kWh) supone una producción de 1203 kWh por kWp, valor que se encuentra dentro del margen de funcionamiento esperado de la instalación. Esta cifra sería algo más reducida si el programa considerase el efecto de las sombras sobre el edificio, pérdidas que el IES estima entre un 9 % y un 13 % [Caamaño, 1998]. Aplicando estas reducciones al resultado del simulador, la producción anual quedaría entre 1046 kWh/kWp y 1095 kWh/kWp.

4.2.4 Balance energético

La figura 4.24 muestra el balance energético obtenido durante la simulación del edificio del IES. En cualquier época del año el consumo es mucho mayor que la producción fotovoltaica, por lo que el balance neto es negativo todos los meses. La capacidad de producción fotovoltaica anual del edificio (16 847 kWh) cubriría en torno a un 9% del consumo anual total estimado para el edificio (190,73 MWh). Lamentablemente, al no disponer de datos reales del balance ni de los consumos, no ha sido posible comprobar la certeza de esta afirmación, por lo que es un tanto arriesgada.

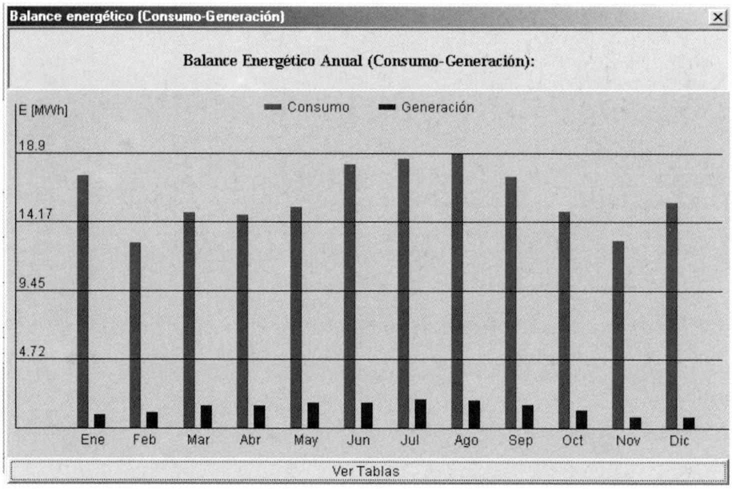

Fig. 4.24. Balance energético anual estimado para el edificio del IES.

4.2.5 Análisis económico

La simulación económica del edificio se ha realizado considerando los precios reales de adquisición e instalación facilitados por el IES, que ascendieron a 13,4 euros por vatio-pico (2229 pesetas). Este precio incluye la compra e instalación de paneles, inversor, estructuras de soporte, equipos de monitorización, protecciones, cableado y todos los gastos de diseño y montaje realizados para poner en marcha la instalación en el año 1994. Es un precio elevado que, aún asumiendo que toda la energía generada se vendiese a la red al precio de 0,22 euros/Wp (fijado por el antiguo Real Decreto 2818/1998 para instalaciones mayores de 5 kWp), genera unos tiempos de reembolso simple y actualizado superiores al rango temporal contemplado por el simulador (30 años), lo que indica que la instalación nunca será amortizada (fig. 4.25).

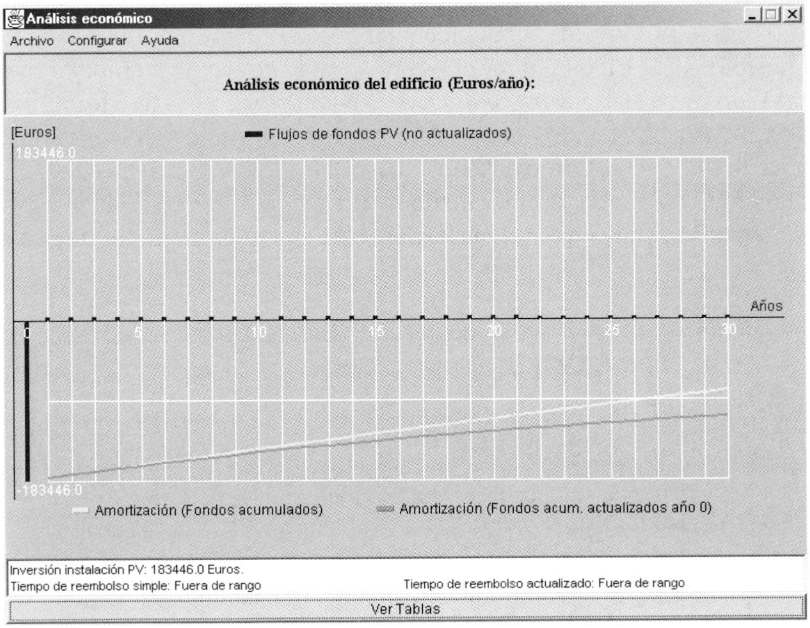

Fig. 4.25. Curvas de amortización del generador fotovoltaico del IES. El alto precio de esta tecnología en el momento de su instalación impide que la inversión sea amortizada.

El edificio fotovoltaico del IES comenzó a funcionar mucho antes de que entrase en vigor la normativa que regula las condiciones de conexión a la red eléctrica y los precios de venta de la energía generada, por lo que no fue concebido como una instalación para vender energía, sino como un centro de investigación fotovoltaica donde experimentar con las posibilidades de la tecnología y difundir su desarrollo, aspectos importantes que no tienen valor económico tangible en el simulador.

4.3 Oberlin College Adam Joseph Lewis Center for Environmental Studies (Ohio)

El edificio mostrado en la figura 4.26 está dedicado a aulas y laboratorios del "Oberlin College" en la ciudad de Oberlin (Ohio, USA). Se inauguró en enero de 2000 después de una inversión superior a los 6,4 millones de dólares, intentando conseguir un edificio ecológico de alta eficiencia, exportador neto de energía gracias a su equipo fotovoltaico integrado de 60 kWp. Incorpora sistemas de ventilación e iluminación natural, calefacción solar pasiva, un sistema de gestión energética para optimizar el funcionamiento de los sistemas eléctricos y mecánicos del edificio, una planta de tratamiento biológico de residuos orgánicos para procesar aguas sucias, etc.

En sus primeros años de funcionamiento no ha conseguido cumplir las expectativas energéticas de diseño, por lo que ha sido motivo de controversia en los ambientes científicos e incluso en la prensa local. Sin embargo, es un edificio bien documentado donde se monitorizan y divulgan tanto el consumo como la producción fotovoltaica, por lo que supone un excelente ejemplo de aplicación para el simulador. Estos son los valores utilizados en la simulación de consumos:

- Longitud: 40 m / Anchura: 15 m / Altura: 10 m.
- Superficie útil total: 1200 m^2.
- Orientación: Fachada principal mirando al Sur (azimut 0°).
- Porcentaje de vidrio: 54 %.
- Coeficientes de transmisión térmica de muros:
  Paredes: 0,520 $W \cdot m^{-2} \cdot °C^{-1}$.
  Tejado: 0,497 $W \cdot m^{-2} \cdot °C^{-1}$.
- Coeficiente de transmisión de vidrios:
  Atrio: 0,737 $W \cdot m^{-2} \cdot °C^{-1}$.
  Ventanas del atrio: 1,36 $W \cdot m^{-2} \cdot °C^{-1}$.
  Otras ventanas: 1,927 $W \cdot m^{-2} \cdot °C^{-1}$.
- Factor de sombra de vidrios: 0,72.

Fig. 4.26. Fachada sur del Adam Joseph Lewis Center. (Fotografía: National Renewable Energy Laboratory –NREL–, EE.UU.).

El generador fotovoltaico del edificio está integrado sobre el tejado siguiendo su curvatura (fig. 4.27), por lo que la pendiente de los paneles varía entre los 20° de la fila inferior hasta los –5° (inclinados hacia el Norte) de la fila más elevada. La potencia nominal total del campo de paneles asciende a 58,7 kWp, estando dividido en tres grupos iguales formados por 10 ramas en paralelo de 23 módulos en serie cada una (690 módulos BP585 en total). Cada uno de los tres «arrays» está conectado a un inversor trifásico de 15 kW. El 20 de abril de 2002 el edificio comenzó a vender energía fotovoltaica a la red (desde noviembre de 2000 en que comenzaron las pruebas hasta que se estableció un contrato bidireccional con la Compañía eléctrica, toda la energía inyectada en la red fue regalada).

Fig. 4.27. Tejado fotovoltaico del Adam Joseph Lewis Center. (Modelo 3D: William McDonough & Partners architects, http://www.macdonough.com/).

4.3.1 Análisis de consumos

El simulador ha estimado un consumo anual para este edificio de 214,54 MWh (fig. 4.28). Afortunadamente, ha sido posible obtener datos de consumo real del edificio, por lo que es posible contrastar el grado de exactitud del simulador en este caso particular. La tabla y curvas de la figura 4.28 muestran, además de los resultados de la simulación, los consumos mensuales medidos en el edificio entre los años 2000 y 2002 [Hayter y otros, 2002].

	Año 2000	Año 2001	Año 2002	Simulador
Enero	45	27	12	17
Febrero	31	23,9	13,2	13,28
Marzo	15,5	27,5	13,3	15,59
Abril	14	12,5	6,9	16,31
Mayo	9	10	6,55	17,69
Junio	13	7,5	5,7	21,38
Julio	10	10,3	5,6	22
Agosto	9,9	7,6	6,6	23,07
Septiembre	9,9	7,2		21,02
Octubre	10,8	7,6		17,26
Noviembre	16,8	8,3		13,85
Diciembre	31	9,8		16,09
Anual	**215,9**	**159,2**		**214,54**

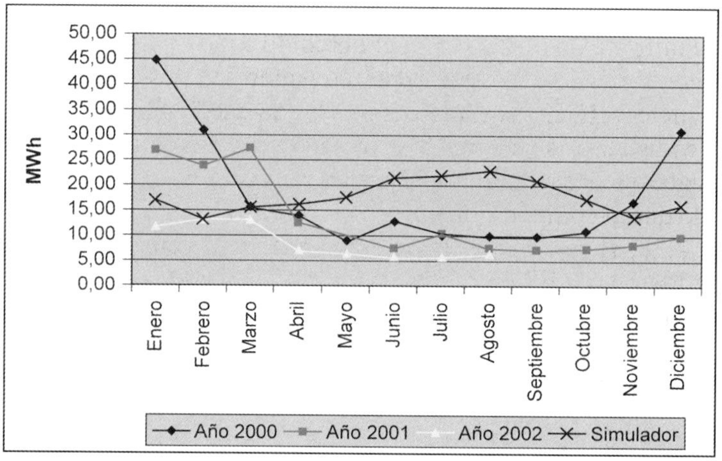

Fig. 4.28. Mediciones reales y estimaciones de consumo mensual global (valores en MWh).

Se pueden obtener algunas conclusiones interesantes después de analizar la figura 4.28. En primer lugar, sorprende la gran variación existente en los consumos reales del edificio entre los años 2000 y 2002, que presentan una clara y continua tendencia a la baja desde la inauguración del mismo (aunque los resultados del año 2002 no están completos, la tendencia descendente es muy clara). El edificio fue originalmente proyectado para un consumo anual de unos 64 MWh, pero durante los dos primeros años de explotación consumió unas tres veces más de lo previsto. Sin embargo, desde noviembre de 2001 el consumo se ha ido reduciendo notablemente, según parece debido a cambios en el sistema de operación del edificio, una menor ocupación y un invierno especialmente benigno. Una primera lectura de estos resultados refleja la dificultad de realizar estimaciones de consumo acertadas durante las fases de diseño de edificios "especiales", incluso con la utilización de herramientas de simulación de consumos tan potentes como DOE 2.1 (este programa y una herramienta de estudio dinámico de fluidos denominada CFD-2000, fueron empleadas por los diseñadores para estimar el consumo del edificio).

Si bien es difícil valorar la exactitud del simulador frente a los resultados reales de consumo dada la gran variabilidad de los valores medidos en años consecutivos, las curvas de la figura 4.28 ponen en evidencia una de las principales limitaciones del simulador de consumos del programa *Foto-RED*. Los datos internos que utiliza el simulador se han obtenido a partir de simulaciones previas y edificios monitorizados de nuestro país, con unos ficheros climáticos que reflejan la situación meteorológica española. El hecho de que la versión 2.1 del programa no permita al usuario definir nuevos ficheros climáticos para la simulación de consumos, hace que los resultados en climas muy diferentes del español sean poco precisos en lo que al comportamiento estacional se refiere. Como se puede apreciar en la figura 4.28, el simulador estima que durante el verano el consumo en aire acondicionado en un edificio con tanta superficie acristalada será muy elevado, algo que no parece ser cierto en un clima frío como el de Ohio. Ya que las rutinas de estimación de consumos del simulador están optimizadas para latitudes y climas similares a los españoles (continentales, atlánticos o mediterráneos en latitudes comprendidas entre 36° Norte y 44° Norte), el grado de validez de los resultados estacionales para otros emplazamientos será tanto mayor cuanto más similares sean las condiciones climatológicas.

A pesar de que el comportamiento estacional del edificio no es reflejado fielmente por el simulador, el grado de exactitud alcanzado en la estimación del consumo anual total con respecto al primer año es muy elevado (fig. 4.29).

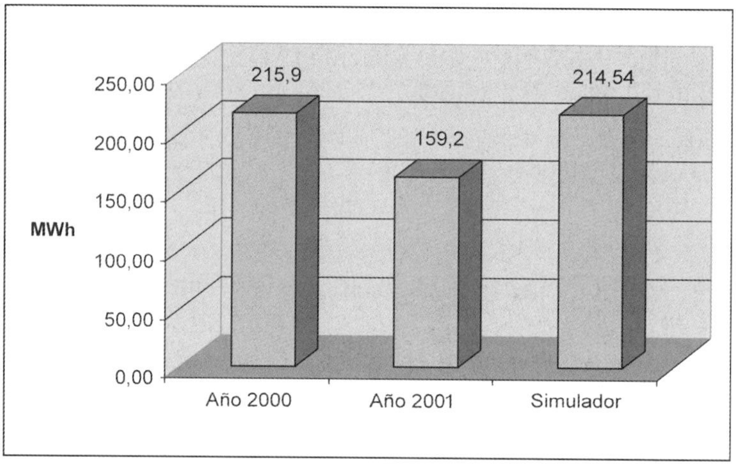

Fig. 4.29. Consumo anual total del edificio (valores medidos y estimados en MWh).

Como se puede apreciar en la figura 4.29, el porcentaje de error entre el valor medido en el año 2000 (215,9 MWh) y la estimación del simulador (214,54 MWh) no llega al 0,63 %. Con respecto al consumo mucho más reducido del año 2001 (159,2 MWh), el error relativo del simulador alcanza el 34,78 %. Es de destacar que la variación del consumo anual total medido en los años 2000 y 2001 es del 26,27 %, por lo que hasta no disponer de nuevos datos es difícil precisar cuál de los dos valores anuales medidos será el que mejor refleje el consumo anual medio del edificio (los datos parciales del año 2002 todavía reflejan un mayor descenso del consumo).

Entre enero y agosto del año 2002 se han consumido en este edificio 69,85 MWh, frente a los 126,271 MWh del mismo período en el año anterior, lo que supone una reducción del 44,68 %. Si, como todo parece indicar, el consumo anual medio se va a mantener en el futuro por debajo de los 120 MWh, hay varias razones que justifican el resultado demasiado elevado del simulador:

- Dada la polémica desatada al comprobar que el edificio triplicaba las previsiones de consumo de los arquitectos, parece claro que se han tomado medidas correctoras que han reducido el consumo inicial (bien descrito por el simulador) de manera muy notable.
- Empleando iluminación natural y sensores, el consumo en iluminación de este edificio se ha conseguido reducir hasta los 9,68 $W \cdot m^{-2}$, sólo un 28 % del consumo medio en otros edificios académicos de EE.UU. Sin embargo, el edificio tipo del simulador *Foto-RED*, representativo de los edificios de

oficinas españoles, considera unos niveles de consumo en iluminación en torno a los 21 $W{\cdot}m^{-2}$, de forma que las previsiones de consumo en iluminación ofrecidas para el A. J. Lewis Center son muy elevadas.

- La forma alongada del edificio a lo largo de su eje Este-Oeste maximiza la calefacción solar pasiva y minimiza el consumo en iluminación en un clima frío como el de Ohio, pero supondría un elevado consumo en aire acondicionado en nuestro país, algo detectado por el simulador.
- Durante los últimos meses en los que se han obtenido datos, el consumo anual del A. J. Lewis Center ha oscilado entre un 42 % y un 75 % del consumo medio en otros edificios académicos de EE.UU., representando el 37 % del de otros edificios de la ciudad de Oberlin y el 61 % del consumo típico en edificios de oficinas de EE.UU. [Hayter y otros, 2002]. Parece claro que, aún no cumpliendo las expectativas iniciales, se trata de un edificio singular cuyo comportamiento se escapa de la tónica media reflejada en el motor de simulación de consumos del programa *Foto-RED*.

4.3.2 Generación fotovoltaica

La tabla de la figura 4.30 muestra la producción fotovoltaica real del generador del edificio durante el período 2001-2002 y los resultados obtenidos en la simulación.

	Año 2001	Año 2002	Simulador
Enero	1800	2325	2276
Febrero	3100	3080	3101
Marzo	4495	3700	4327
Abril	6300	5000	5395
Mayo	5735	6550	6548
Junio	7500	7600	7010
Julio	7800	7000	6621
Agosto	6711		6074
Septiembre	5900		5552
Octubre	4060		4087
Noviembre	3000		2396
Diciembre	2140		1913
Anual	**58541**		**55300**

Fig. 4.30. Producción fotovoltaica mensual a lo largo del año (valores en kWh).

Como se verá con más detalle al estudiar el balance energético global, la principal conclusión derivada de estos datos es que, a pesar de tratarse de un edificio de alta eficiencia diseñado para comportarse como un exportador neto de energía, el consumo anual es mucho mayor que la producción fotovoltaica. Las figuras 4.31 y 4.32 muestran las curvas de producción mensual y los resultados anuales correspondientes a la tabla. El error relativo del simulador con respecto a la producción anual del año 2001 (55 300 frente a 58 541 kWh) es del 5,54 %. Como se puede apreciar en las curvas mensuales de la figura 4.31, aunque los datos del año 2002 no están completos, el grado de correlación de los resultados del simulador con los valores medidos es mayor en dicho año que en el año 2001. La figura 4.33 muestra las producciones fotovoltaicas acumuladas en los períodos enero-julio de los años 2001 y 2002, y las ofrecidas por el simulador. El error relativo del simulador en este período es de un 3,95 % para el año 2000 y un –0,065 % para el año 2002.

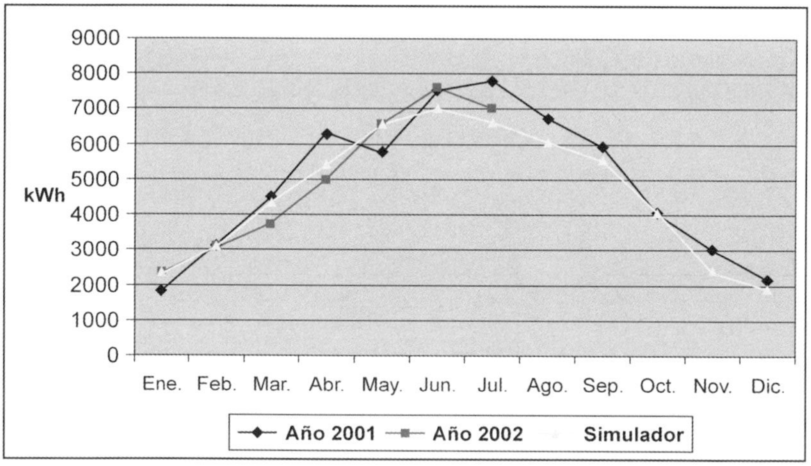

Fig. 4.31. Producción fotovoltaica mensual real y simulada en el A. J. Lewis Center.

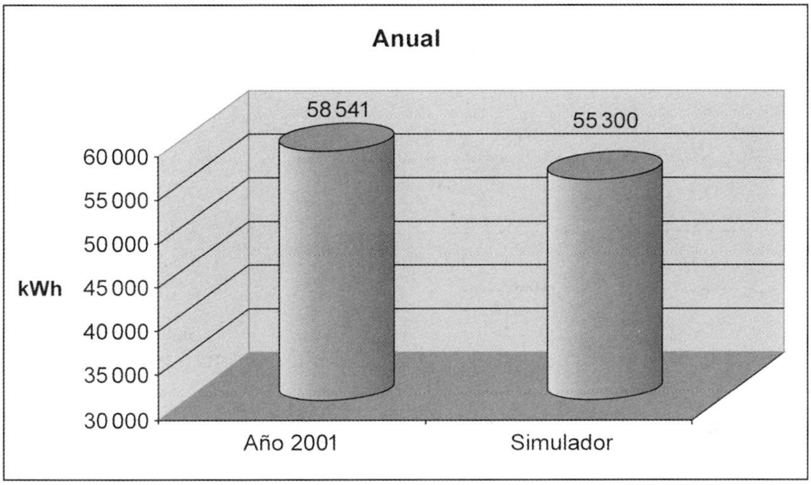

Fig. 4.32. Producción fotovoltaica anual total (real y simulada).

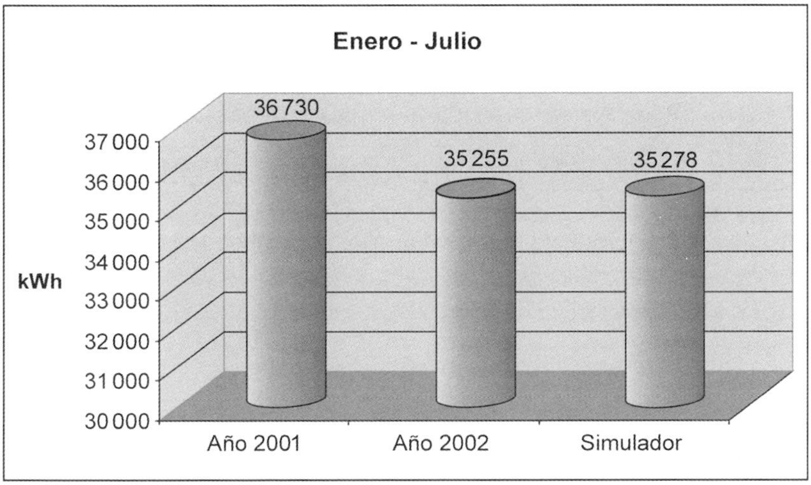

Fig. 4.33. Producción fotovoltaica total en el período enero-julio.

4.3.3 Balance energético del edificio

A pesar de haber sido diseñado como un edificio exportador neto de energía, lo cierto es que tanto los resultados medidos durante sus primeros años de explotación, como los ofrecidos por el simulador ponen de manifiesto que no se ha alcanzado este objetivo, ya que el consumo anual es superior a la energía total generada (fig. 4.34).

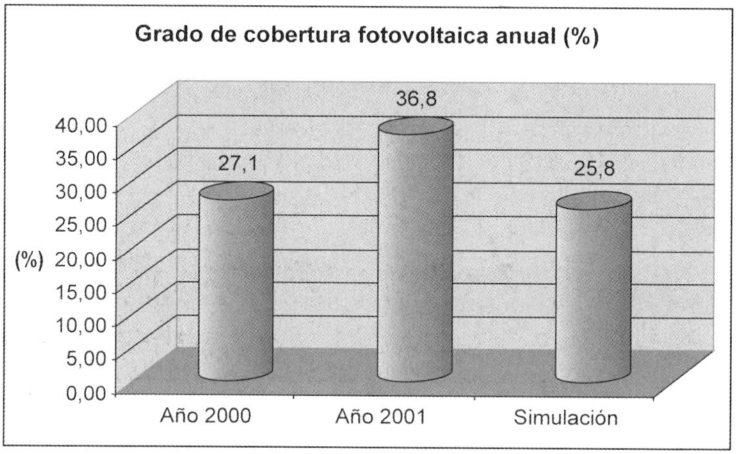

Fig. 4.34. Porcentaje del consumo total cubierto por el generador fotovoltaico. El valor correspondiente al año 2000 se ha calculado asumiendo una producción FV igual a la del año 2001.

La figura 4.34 muestra la relación porcentual entre la energía consumida y la energía generada en el edificio en los años 2000 y 2001, y los resultados del simulador. Un primer análisis de esta figura pone de manifiesto que el grado de cobertura fotovoltaica en el año 2001 es del 36,8 %, mientras que el simulador ha estimado un porcentaje del 25,8 %. Esta diferencia se debe no tanto al grado de error en la estimación fotovoltaica como a la desviación de la estimación de consumo con relación al real del año 2001. Como se comentó en el apartado 4.3.1, las estimaciones de consumo anual del simulador son bastante ajustadas con relación al consumo real del año 2000, pero demasiado elevadas respecto a los consumos medidos después de que se tomaran medidas correctoras para reducir el consumo del edificio.

A pesar de que en el año 2000 el generador fotovoltaico no estaba todavía en funcionamiento, resulta interesante comprobar el hipotético grado de cobertura que hubiese tenido con relación al consumo de ese año, asumiendo que la producción fotovoltaica hubiese sido idéntica a la del año 2001. Como se puede apreciar en la primera columna de la figura 4.34, el grado de cobertura en este caso se reduciría hasta el 27,1 %, tan sólo un 1,3 % superior al valor estimado por el simulador.

Ya que en el momento de realizar este estudio los datos de consumo y generación del año 2002 todavía no estaban completos (sólo entre enero y julio), no se ha incluido dicho año en el diagrama de la figura 4.34. La figura 4.35 muestra los grados de cobertura fotovoltaica obtenidos entre enero y julio de los años 2000, 2001 y 2002, y los valores ofrecidos por el simulador para el mismo período (al igual que en la figura 4.34, al no disponer de datos fotovoltaicos para el año 2000, se ha asumido que la producción fotovoltaica del generador es igual a la del año 2001). Esta figura pone de manifiesto que el balance energético del edificio ha sido negativo en los tres años que lleva en funcionamiento, pero que el porcentaje de cobertura fotovoltaica mantiene una tendencia claramente creciente, motivada por una constante reducción del consumo. Los resultados del simulador, sin embargo, no pueden reflejar la variabilidad del consumo anual que ha ido experimentando el edificio, por lo que el grado de error va siendo mayor a medida que disminuye el consumo real.

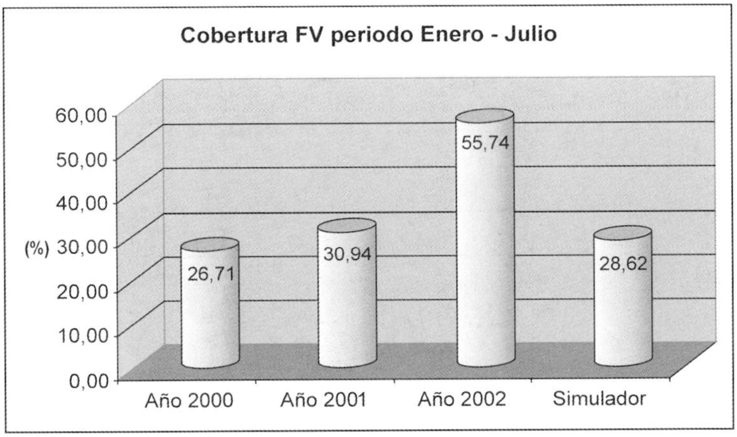

Fig. 4.35. Grado de cobertura fotovoltaica entre enero y julio. Los resultados del año 2000 se han obtenido asumiendo una producción fotovoltaica igual a la del mismo período del año 2001.

4.3.4 Análisis económico

El coste total del «array» fotovoltaico instalado en el A. J. Lewis Center ascendió a 402 500 dólares, lo que supone un coste unitario ligeramente inferior a los 7 dólares por vatio-pico de paneles. No ha sido posible localizar los precios de compra y venta de energía a la red aplicados por la Compañía eléctrica encargada del suministro a este edificio, pero todo parece indicar que se emplea una política reguladora, donde la energía comprada y la vendida a la red tienen el mismo precio. La simulación económica del edificio con estos supuestos pone de manifiesto que la instalación fotovoltaica nunca será amortizada, ya que los tiempos de reembolso tanto simple como actualizado son muy superiores a los 30 años.

Se han realizado varias simulaciones económicas de este edificio asumiendo que los precios de compra y venta de la energía fotovoltaica a la red coinciden con los existentes actualmente en España para una instalación de estas características. Sin embargo, incluso con estas condiciones más ventajosas, la instalación fotovoltaica no podría ser amortizada (fig. 4.36).

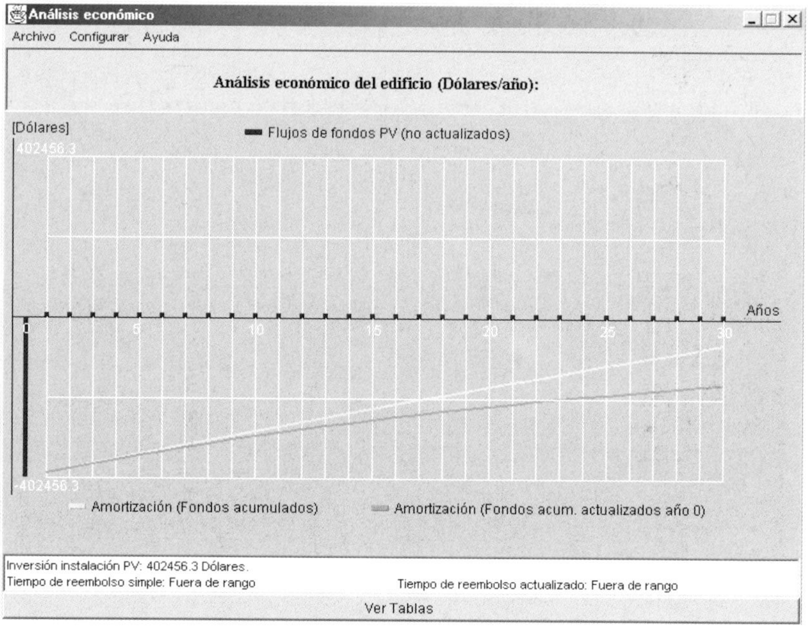

Fig. 4.36. Curvas de amortización de la instalación fotovoltaica del A. J. Lewis Center asumiendo una política de precios similar a la española: el generador nunca sería amortizado.

Un último análisis permite comprobar si la disposición de los paneles siguiendo la curvatura del tejado del edificio es el motivo de que el generador no sea amortizable, o si simplemente ello es debido a la climatología de Oberlin (Ohio) y al precio pagado por la instalación. La decisión de colocar los paneles siguiendo la curvatura del tejado ofrece un gran resultado estético, pero obliga a trabajar a muchos de los paneles con ángulos de inclinación sub-óptimos. Las simulaciones realizadas revelan que, incluso instalando los 690 paneles que forman el generador original con una pendiente de 28° (valor que maximiza la producción fotovoltaica anual en ese emplazamiento), los tiempos de amortización seguirían siendo superiores a los 30 años.

Referencias y Bibliografía

Caamaño, E. "*Edificios Fotovoltaicos Conectados a la Red Eléctrica: Caracterización y Análisis*". Tesis Doctoral. Universidad Politécnica de Madrid. Escuela Técnica Superior de Ingenieros de Telecomunicación. Madrid, marzo 1998.

Castro M., Delgado, A. y otros. "*Informe de Aplicación y Penetración de la Energía Solar Fotovoltaica en Edificios Conectados a la Red*". Informe UN-011 del proyecto FotoRED: "Límites y competitividad de la penetración de la Energía Solar Fotovoltaica en la Red". OCI-CIEMAT 052030-01. Madrid, diciembre 2001.

Delgado, A., Castro, M. y otros. "*Grid-Connected PV Buildings: Analysis of Future Scenarios*". Proceedings ISES 2001. International Solar Energy Society. Adelaida, Australia, diciembre 2001.

European Commission. "*Energy for the future: Renewable sources of energy. White Paper for a Community Strategy and Action Plan*". COM(97)599. Bruselas, noviembre 1997.

Gosling, J., Joy, B. y Steele, G. "*The Java language specification*". Addison Wesley (1996).

Hayter, S., Torcellini, P. y Deru, M. "*Photovoltaics for buildings: New aplications and lessons learned*". NREL/CP-550-32158, National Renewable Energy Laboratory, julio 2002.

International Energy Agency (IEA). "*Task VII, PV in the Built Environment, Sub-Task 1, Activity 1.4: Design tools*". PV Power nº 10, enero 1999.

Proyecto Foto-RED: "*Límites y competitividad de la penetración de la Energía Solar Fotovoltaica en la Red Eléctrica*". OCI-CIEMAT 052030-01 (1998). URL: www.ieec.uned.es/investg/fotored/portada.htm.

Rumbaugh, J. y otros. "*The Unified Modeling Language Reference Manual*", Addison-Wesley, 1998.

Travers, D. L., Watt, M. E. y otros. "*Evaluation Tool for Building Integrated Photovoltaic Systems*". 2nd World PV Conference, Viena, julio 1998.

Travesí, J. "*Análisis de sensibilidad a los parámetros definibles desde el exterior de un edificio de oficinas*". Informe del proyecto FotoRED: "Límites y competitividad de la penetración de la Energía Solar Fotovoltaica en la Red", OCI-CIEMAT 052030-01. Madrid, diciembre de 1998.

Contenido del CD-ROM

El CD-ROM que acompaña a esta publicación contiene enlaces URL a los programas de simulación y demás recursos descritos en el texto, de forma que puedan ser fácilmente localizados por cualquier usuario con acceso a la red Internet. Muchos de estos programas son gratuitos o disponen de versiones de evaluación que se pueden descargar libremente desde las direcciones indicadas. En el caso de otras herramientas de orientación comercial que sólo ofrecen versiones de pago, los enlaces ofrecen información detallada sobre las características del programa, precios y formas de adquisición.

Además de los programas presentados en el texto, el CD-ROM también facilita el acceso directo a la versión "on-line" del nuevo simulador de edificios fotovoltaicos *Foto-RED 2.1*, que ha servido de hilo conductor a lo largo de todo el libro. Para aquellos usuarios que no dispongan de acceso a la red Internet, el CD-ROM incluye todos los ficheros que conforman el simulador *Foto-RED v2.1* tanto en su versión española como inglesa, lo que permite ejecutar el programa en modo local sin necesidad de conectarse a Internet. Junto con el código ejecutable se incluyen los ficheros que definen varias simulaciones de ejemplo, la base de datos de paneles fotovoltaicos y las páginas HTML de arranque que, además de lanzar el simulador, describen su propósito y filosofía de trabajo. Desde estas páginas HTML es posible acceder a todos los documentos de ayuda en español e inglés que explican las funciones del programa, y a la documentación en formato HTML que describe la estructura, métodos, parámetros y componentes internos de cada clase.

Tres anexos en formato PDF (los cuales se pueden visualizar con los programas gratuitos "Acrobat Reader" o "Acrobat eBook Reader", disponibles en www.adobe.com) completan la descripción del simulador *Foto-RED* realizada a lo largo del libro. El anexo A ofrece un breve repaso a las opciones y tecnologías existentes para la distribución de software en Internet, justificando la elección de lenguaje de programación y formato empleados para desarrollar el simulador. El anexo B presenta la arquitectura y estructura interna del programa. Es un anexo de contenido técnico, orientado sobre todo a programadores interesados en desarrollar herramientas de simulación fotovoltaica y programas distribuidos para su ejecución en la red Internet. Por último, el anexo C ofrece los resultados de varios estudios de validación realizados sobre el simulador *Foto-RED*, para delimitar sus márgenes de error y el grado de bondad de sus predicciones. A modo de resumen, estos son los aspectos tratados en estos tres anexos:

OTRAS PUBLICACIONES

INSTALACIONES SOLARES FOTOVOLTAICAS E. Alcor 272 págs. 171 figs.

Recomendado a electricistas profesionales o técnicos de ramas afines que deseen ampliar su campo de actividad mediante el método de obtención de electricidad que cada vez encuentra más aplicaciones prácticas.

ENERGÍA SOLAR FOTOVOLTAICA

M. Castro, J. Carpio, R. Guirado, A. Colmenar, L. Dávila 68 págs. 23 figs.

El libro sirve de introducción al estudio de la tecnología de generación de electricidad solar basada en el efecto fotovoltaico, estudiando desde un punto de vista riguroso tanto los diversos componentes de las instalaciones como el cálculo y dimensionado de las mismas.

PLIEGO DE CONDICIONES TÉCNICAS PARA INSTALACIONES DE ENERGÍA SOLAR FOTOVOLTAICA CONECTADAS A RED Colectivo 64 páginas 7 figuras

Especificaciones técnicas que deben tomarse en consideración en la Convocatoria de Ayudas para la promoción de instalaciones de energía solar fotovoltaica conectadas a la red, en el ámbito del Plan de Fomento de las Energías Renovables.

SISTEMAS DE ENERGÍA FOTOVOLTAICA. MANUAL DEL INSTALADOR

Colectivo 176 páginas 136 fotografías en b/n y color

Este manual es el fruto de más de dos años de trabajo en el seno de la Asociación de la Industria Fotovoltaica (ASIF), habiendo participado las principales empresas del sector. Pretende ser una útil guía básica de referencia y ayuda para el instalador profesional (o para el que pretende llegar a serlo) de sistemas que aprovechen la energía solar fotovoltaica, tanto autónomos como conectados a la red general de distribución de electricidad. Se trata de un manual esencialmente práctico, resultado directo de la experiencia de técnicos e instaladores con muchos años en el ejercicio de la profesión y que, sin duda, facilitará de forma muy apreciable la labor de montadores y mantenedores.

SISTEMAS DE ENERGÍA FOTOVOLTAICA Y EL CÓDIGO ELÉCTRICO NACIONAL DE LOS ESTADOS UNIDOS. Prácticas recomendadas Colectivo 110 págs. 32 figs.

Trabajo técnico de nivel avanzado, que analiza de forma práctica las instalaciones de energía fotovoltaica en relación con el exigente reglamento de seguridad Eléctrica NEC (National Electric Code) y que sirve de referencia a los ingenieros proyectistas americanos.

SISTEMAS FOTOVOLTAICOS CONECTADOS A RED: ESTÁNDARES Y CONDICIONES TÉCNICAS

M. Castro, L. Dávila, A. Colmenar 72 págs. 14 figs.

Recopilación de las normas y estándares técnicos, nacionales e internacionales, más importantes que regulan las condiciones de conexión a red en edificios fotovoltaicos.

Especial hincapié se ha ce sobre cuestiones relativas a la seguridad de dichos sistemas en relación con su interacción con la red general de distribución eléctrica.

SOLAR ELECTRICITY. ENGINEERING OF PHOTOVOLTAIC SYSTEMS

E. Lorenzo and others 320 pages 128 illustrations

One of the best textbook on Photovoltaics, written by internationally recognized expert engineers and scientists of IES (Solar Energy Institute).